羊料理

世界各地 135 道食譜
與羊肉烹調技術、羊肉處理技術、羊隻部位分割

瑞昇文化

前言

以往羊肉曾經一面倒地給人一種，羊肉屬於成吉思汗烤羊肉或法國餐廳等高檔餐廳知名菜色的印象。

然而，現今的羊肉早已成為紅酒吧和休閒餐飲店、居酒屋，以及羊肉料理專賣店等各式餐飲型態之中相當備受矚目的食材。想要羅列出絕佳的菜式陣容去抓住顧客的心，羊肉可謂是現今不可或缺的食材了。

本書食譜涵蓋內容廣泛，包含法國料理、義大利料理、中國料理（北京、內蒙古、貴州、南寧、新疆維吾爾）、台灣料理、英國料理、蘇格蘭料理、蒙古料理、印度料理、阿富汗料理、摩洛哥料理、成吉思汗烤羊肉、日本居酒屋等，收錄了各種類型的食譜。想必應該能夠讓大家感受到「羊肉」這項食材，在世界各地長期支撐多種飲食文化的潛力。

此外，本書也一併收錄了羊隻部位分割方法與羊肉煎烤方法、羊肉處理技術的講座。

願本書能盡一份心力，將日本的羊料理世界更加提升一個層次。

柴田書店

目錄

前菜・小菜

煎烤

內臟

咖哩

拌炒

蒸・煮

酥炸

應用本書食譜之前

食材方面若無特別標示，一律採用下列材料

· 奶油使用的是無鹽奶油

· 香料蔬菜指的是洋蔥、胡蘿蔔、西洋芹等

· 起司使用的是刨絲起司

· 羊肉在炙烤之前先退冰至常溫

· 標示為橄欖油時，使用的是純橄欖油（Pure Olive Oil）；

　標示為E.V.橄欖油時，使用的是特級冷壓橄欖油（Extra virgin olive oil）

· 胡椒除了特別註明的顆粒胡椒之外，指的都是研磨過的粗粒胡椒

關於烹調方面

· 放入冷藏室冷藏之前，要先覆蓋上保鮮膜

· 書中所標示的溫度與時間為大致預估。需依照廚房環境進行調整

· 烤箱需事先預熱至指定溫度

· 使用烤箱煎烤時，需適當上下、前後調轉烤盤方向

關於用語

【Fond】：湯底。高湯。

【Fond de volaille】：雞高湯。

【Fond d'agneau】：羊高湯。

【Jus d'agneau】：將羊高湯熬煮至濃縮出鮮味的濃縮肉汁。

【Jus de viande】：用少量水分熬煮出的肉類高湯。

【Glace de viande】：以 Jus de viande 熬煮而成的濃縮肉汁。

撮影／海老原俊之、よねくらりょう、高見尊裕
デザイン／吉澤俊樹、合田美咲（ink in inc）
編集 取材／井上美希
取材／村山知子、諸隈のぞみ、笹木理恵

小菜菜・前菜小

[第1章]

・

薄切溫羊肉生肉片

酒坊主

將低溫冷藏，柔嫩而又帶有溫和香氣的羊肉切成薄片，稍微加熱以後調理成羊肉生肉片。再搭配上醬油醃韭菜、百香果、青山椒等各種調料的香氣。 [食譜→ P.14]

羊肉香腸
（羊ソーセージ）

南方中華料理 南三

將羊肩肉與豬背脂肪一起絞成絞肉，再和蒸過的糯米與香料一起填入腸衣。汆燙後晾乾，於供應前加熱至表面微微上色。由於使用的是豬腸，所以做出來的香腸略粗。 [**食譜→** P.15]

P.12

薄切溫羊肉生肉片

酒坊主

［約1人分］

羊肩胛肉…60g
西西里島產E.V.橄欖油（Cedric Casanova）…適量
醬油漬韭菜＊…適量
百香果（小）…1/2顆
青山椒（乾燥）…適量
黑胡椒…適量
煙燻片鹽（Maldon製）…適量

＊將韭菜切成末，浸泡於濃口醬油之中一晚即可。
置於冷藏室中約可保存兩週。

1　羊肩胛肉斜向薄切成片，平鋪到已經墊上烤盤紙的盤子
　　上。放入200℃的烤箱中加熱1～2分鐘。

2　盛放到盤子裡面，淋上E.V.橄欖油。擺上醬油漬韭菜與
　　百香果，再隨意撒上青山椒與黑胡椒。佐附上煙燻片
　　鹽。

P.13

羊肉香腸

（羊ソーセージ）

南方中華料理 南三

［約15條香腸的分量］

糯米…600g

小羔羊肩胛肉…1.5kg

豬背脂肪…300g

鹽巴…20g

葛拉姆馬薩拉（Garam masala）※…9g

洋蔥（切成末）…150g

A
├ 鹽巴…30g
├ 一味唐辛子…10g
├ 黑胡椒…10g
└ 孜然粉…10g

豬腸衣（裝填香腸用）*…3m的分量

顆粒芥末醬…20g（1人分）

香菜（切成末）…10g（1人分）

＊事先除去鹽分。

※譯註：葛拉姆馬薩拉，一種由多種辛香料磨成粉末混合而成的綜合辛辣調味料。

1 糯米置於水中浸泡一個晚上。瀝去水分，用鋪了蒸籠布的蒸煮器具燜蒸30分鐘。預先靜置冷卻備用。

2 羊肩肉與豬背脂肪分別切成1cm丁狀，撒上鹽巴與葛拉姆馬薩拉，放入冷藏室中靜置半天。

3 洋蔥炒軟之後，放涼備用。

4 用攪拌機將步驟2絞碎。移到碗中揉捏至絞肉出現黏性。

5 加入A混合均勻，接著加入步驟1和步驟3攪拌均勻。

6 使用灌香腸機將步驟5填裝到豬腸衣內，每15cm扭轉幾圈豬腸衣。

7 填裝好之後，置於通風良好之處，晾放約30分鐘至表面風乾。以75℃的熱水汆燙20分鐘，同樣再次風乾30分鐘～1個小時。在這個狀態下進行真空包裝，放到冷藏室之中可以保存7天。

8 要供應的時候，用平底鍋將表面香煎至表面上色。切成容易食用的大小之後，盛放到盤子裡面，佐附上顆粒芥末醬與香菜。

CHINA
—

口水羊
（よだれラム）

羊香味坊

四川料理「口水雞」是一種將辣味沾醬淋在水煮雞肉上的料理，其沾醬則是以辣椒、花椒與辣椒油等調味料調製而成。在此以羊肉取代雞肉。將燉煮至軟嫩的羊腱肉切薄片，淋上香氣四溢的醬汁。 ［食譜→ P.18］

16

SAKE & CRAFT BEER BAR
—

香炒小羊Spicy冬粉

酒坊主

吸收了羊肉與高湯鮮味的冬粉小菜。
不使用日本太白粉勾芡，而是將湯汁
熬煮至略稠程度以調理出較為清爽的
口感，再加上數種山椒的清爽香氣，
使其成為了一道下酒好菜。[食譜→
P.19]

口水羊
（よだれラム）
羊香味坊

［約40人分］

小羔羊腿腱肉…20kg

燉肉湯汁
濃口醬油…500g
紹興酒…400g
長蔥…1枝的分量
生薑…80g
八角…50g
月桂葉（整片）…50g
白芷*1（整株）…50g
草果*2（整顆）…50g
茴香籽…50g
花椒（整粒）…30g
鹽巴…100g
水…4L

淋醬（易於製作的分量）
滷汁（使用以下全量）
　　長蔥…80g
　　生薑…25g
　　花椒（整粒）…3g
　　八角（整粒）…3g
　　香菜…1g
　　雞高湯粉…20g
　　鹽巴…10g
　　雞高湯（省略解說）…800ml
長蔥（切成末）…150g
生薑（切成末）…50g
大蒜（磨成泥）…40g
香菜（切成末）…10g
小黃瓜（切成3cm的長條狀）
　　…1條的分量
芝麻油…125g
辣椒油…100g
菜籽油…50g
中國烏醋…375g
砂糖…240g
熟辣椒粉*3…50g
花椒（粉）…30g
雞高湯粉…50g

高麗菜（切成絲）…適量

＊1　繖形科多年生草本植物的根乾燥而成之物。
可作為辛香料或中藥使用。
＊2　薑科植物草果的果實乾燥而成之物。可作為
辛香料或中藥使用。
＊3　將乾辣椒乾煎之後，再研磨成粉狀而成。

1　製作燉肉湯汁。將所有材料倒入鍋中加熱，煮至沸騰之
　　後，轉小火繼續加熱15分鐘，關火。

2　將羊腱肉放到步驟1裡，開火煮至沸騰後，撈出浮沫。
　　轉小火繼續熬煮大約3個小時。

3　步驟2置於常溫中放涼。待涼了以後，將肉取出並以保
　　鮮膜包覆起來，放入冷藏室中保存。

4　製作淋醬。將滷汁的材料全部倒入鍋中，開火煮至沸騰
　　之後關火。

5　將剩餘的淋醬材料加到步驟4中混合，以密封容器保
　　存。

6　步驟3的羊腱肉以3～4mm的厚度進行分切。在容器上
　　面鋪上一層高麗菜絲，再擺上羊腱肉片，淋上幾圈淋
　　醬。

P.17

香炒小羊Spicy冬粉

酒坊主

[約1人分]

沙拉油…1.5大匙

A ┌ 四川豆瓣醬…1/2大匙
　├ 大蒜（切成末）…1瓣的分量
　└ 生薑（切成末）…1小塊※的分量

小羔羊絞肉…60g

B ┌ 紹興酒…1.5大匙
　├ 綜合高湯（P.30）…90ml
　└ 水…90ml

綠豆冬粉（泡水回軟）*1…110g

上白糖…適量

濃口醬油…適量

C ┌ 長蔥（切成末）…適量
　├ 芝麻油…1小匙
　└ 烏醋…1小池

香菜、綜合山椒*2

＊1　鍋中倒入水煮沸後關火，放入乾燥的冬粉靜置5分鐘泡開。
＊2　由花椒、青山椒（乾燥）、葡萄柚花椒莓（Timur Pepper）以3：1.5：1的比例混合而成的綜合香料。青山椒由未成熟的花椒乾燥而成。葡萄柚花椒莓為尼泊爾的山椒，具有類似柳橙和葡萄柚的香甜柑橘香氣。

※譯註：1小塊生薑約為大拇指第一指節的大小。

1　沙拉油倒入鍋中熱鍋後，放入材料A拌炒。炒至散發出香氣後，倒入絞肉充分拌炒均勻。

2　倒入材料B之後煮至沸騰，加入冬粉。熬煮的同時，時不時攪拌一下，待水分煮乾八成左右後，以上白糖和濃口醬油進行調味。

3　煮乾九成水分時，加入材料C，繼續煮到水分收乾。

4　盛放到容器之中，撒上切碎的香菜，再撒上綜合山椒。

草原風羊肉乾
（干し羊肉の草原風）

中国菜 火ノ鳥

將風乾好的羊肋排蒸煮過後，搭配生菜或甜醋漬大蒜一同享用的內蒙古料理。據說品質越好的肉乾，蒸煮過後就越是透亮。帶骨的部位不易腐敗而易於熟成。 ［**食譜→ P.22**］

炙烤生羊肉片
WAKANUI LAMB CHOP BAR JUBAN

將一整塊的羊里肌肉放到炭火上面烘烤，再切成薄薄的肉片。毫無異味且水潤飽滿的瘦肉，搭配上帶有溫和辣味的辣根做提味。佐附和風淋醬增添清爽感。 ［食譜→ P.22］

草原風羊肉乾
（干し羊肉の草原風）

中国菜 火ノ鳥

炙烤生羊肉片
WAKANUI LAMB CHOP BAR JUBAN

［約2人分］

小羔羊肋排…4根肋骨的分量
鹽巴…適量

A ┌ 長蔥（切成長3cm段狀）…4段
　│ 生薑（切成絲）…4小塊的分量
　│ 花椒…約10粒
　└ 紹興酒…30ml

加賀大黃瓜※…適量
糖蒜*¹…3～4瓣
蒜味辣椒油*²…適量
花椒鹽（P.203）…適量

✱1 剝去大約20瓣大蒜的皮膜，撒上15g的鹽巴充分拌勻。移到保存容器中，放入冷藏室中靜置1～2週，放到大蒜的顏色變得較淺。倒入200ml米醋、100g上白糖或中雙糖混拌均勻，再次靜置於冷藏室中1個月以上。
✱2 用大豆白絞油100g拌炒大蒜50g（切成末）、紅蔥50g（切成末），炒至散發出香氣後，加入辣椒粉，離火。

※譯註：日本石川縣金澤市栽培的加賀蔬菜之一。將日本東北的黃瓜和金澤的本地黃瓜雜交後所產出的一種大黃瓜。

1 製作羊肉乾。將羊肋排連同骨頭一起剁成易於食用的長度，稍微撒上鹽巴。於寒冷時期吊掛在通風良好的地方大約10天～2週。於此狀態下進行真空包裝，置於冷藏室中可以保存1個月。

2 將步驟1與材料A放到調理盆中，以蒸煮器具燜蒸90分鐘。

3 加賀大黃瓜削去外皮、刮除種籽後，切成一口大小。

4 在盤子裡面分別擺放上步驟2、步驟3、糖蒜、蒜味辣椒油以及花椒鹽。推薦以羊肋排沾取喜歡的調味佐料後，搭配大黃瓜或糖蒜一同享用。

［易於製作的分量］

小羔羊里肌肉（整塊・紐西蘭產羊，前腰脊部）…300g
辣根…60g
豆苗（切成1.5cm長）…1小包
芥末菜（用手撕碎）…1小包的分量
炙烤生肉片用淋醬*、鹽巴、胡椒…各適量

✱ 以橄欖油100g、濃口醬油20g、麥芽醋（Malt Vinegar）10g、砂糖1小撮混合而成。

1 在里肌肉上面撒上鹽巴與胡椒。用炭火烤肉架將肉烤至外層上色的一分熟狀態後，立刻以冰水冷卻降溫。

2 辣根磨成泥狀，豆苗與芥末菜以水清洗後，確實瀝去水分。

3 以廚房紙巾擦去步驟1表面的水分，分切成厚度約5mm的肉片，平鋪到盤子上面。淋上炙烤生肉片用淋醬，擺放上豆苗與芥末菜。綴上辣根泥，撒上鹽巴與胡椒。

P.135

梅乾羊肉塔吉鍋

Enrique Marruecos

P.135

Agnello aggrassato con patate

（豬油炒小羊肉 阿格拉薩托）

Osteria Dello Scudo

［約4～5人分］

A
- 橄欖油…適量
- 小羔羊肩胛肉（將一整塊分切成拳頭大小）…1kg
- 大蒜（切成末）…1/2小匙
- 洋蔥（切成末）…400g
- 薑黃粉…1小匙
- 薑粉…1小匙
- 黑胡椒…1小撮
- 鹽巴…1/2～1小匙

中國肉桂（Cassia Cinnamon）（約5cm長）…1根
西梅乾（有種籽且外觀完整）…20顆

B
- 中國肉桂（約5cm）…1根
- 肉桂粉…1/4小匙
- 白砂糖…2大匙

奶油…10g

＊也可以使用羊腿肉、羊臀肉、羊肩肉。使用帶骨的大塊肉還能烹調出更加道地的味道。

1 材料A倒入厚底鍋中，蓋上鍋蓋以小火燜煮。燜煮期間，要整體充分攪拌數次。

2 待燜煮到洋蔥出水且看不見形狀，充分和肉融合在一起後，加入肉桂（1根），倒入快要蓋過食材的水量（分量外）。蓋上鍋蓋，慢慢熬煮至羊肉變得軟嫩。熬煮期間，可依需求適時加水。

3 待煮至羊肉軟嫩，燉肉湯汁變成略濃稠的醬汁狀時，用鹽巴調味，關火。若湯汁水分過多，可暫時先將肉取出，在打開鍋蓋的狀態下以大火煮至收汁，再將肉放回鍋中。

4 熬煮西梅乾。取另一只後底鍋，放入大致清洗過的西梅乾後，倒入大約淹沒西梅乾的水量（分量外）並將材料B放入鍋中。以中火煮至沸騰，再蓋上鍋蓋，轉小火熬煮大約15～20分鐘。

5 將西梅乾煮至膨脹且內層軟化後，加進奶油。繼續煮1分鐘即可停火。

6 步驟3盛放到容器之中，淋上燉肉湯汁。接著再灑上少許西梅乾的燉煮汁，擺放上西梅乾。依喜好撒上白芝麻與帶皮酥炸過的杏仁（皆為分量外）。

［約4人分］

小羔羊肉（羊肩或羊腿等部位的肉塊）…500g
鹽巴、胡椒…各適量
洋蔥…150g
馬鈴薯…200g
豬油…約70ml
大蒜（壓碎）…1瓣

A
- 迷迭香…1枝
- 月桂葉…1片

白酒…適量
酸豆（Capers）…25g
水…250g
白酒醋…30g
馬背起司（Caciocavallo Cheese）
（或佩科里諾起司〔Pecorino〕）…10g

1 將羊肉分切成易於食用的大小。撒上鹽巴與胡椒。

2 洋蔥切成有點寬度的月牙狀，馬鈴薯切成跟肉差不多的大小。

3 豬油放入鍋中熱鍋，加入大蒜仔細拌炒。放入羊肉和材料A一起拌炒。

4 待拌炒至羊肉表面微微上色之後，倒入洋蔥，繼續拌炒至洋蔥熟軟。

5 倒入馬鈴薯輕輕拌炒，淋上一小圈白酒。放入酸豆，加水至快要蓋過羊肉。大約熬煮30分鐘至竹籤可輕鬆戳穿馬鈴薯。

6 完成前再淋上一小圈白酒醋，撒上現刨起司絲並快速混拌均勻。盛放到容器之中。

—

小羔羊舌與生火腿
佐時令鮮蔬

Hiroya

妥善運用未斷奶羔羊（Agneau de lait）的柔嫩肉質製作而成的羊火腿與細細燙煮過的羊舌，再與8種蔬菜搭配在一起冷燻。藉由淡淡的煙燻香味將風味與口感各異的食材串聯在一起。［食譜→ P.26］

—

醃漬菜風味
小羔羊肉玉子燒

酒坊主

從亞洲的酸菜煎蛋和豬絞肉煎蛋得到的靈感。羊肉的香氣、木耳的口感，與醃漬蔬菜這種發酵食品獨具的風味完美融合在一起，非常適合作為下酒菜。 [**食譜**→ P.27]

SAKE & CRAFT BEER BAR

—

小羊肉片佐醋味噌

酒坊主

在80℃的熱水中涮過，肉質柔嫩且水分飽滿的涮小羊肉片，趁熱擺在白芹菜上面，淋上醋味噌。添加了烏醋的醋味噌，能夠將整體味道攏在一起。

[**食譜**→ P.27]

P.24

小羔羊舌與生火腿
佐時令鮮蔬

Hiroya

［約4人分］

小羔羊舌*¹…適量
小羔羊生火腿*²…適量
秋葵…1根
小洋蔥（Pecoros）…1顆
高麗菜…適量
長蔥…長4cm的分量

A
┌ 蕪菁…1/4個
├ 中型番茄…1/4顆
├ 西洋菜…適量
└ 烤茄子（省略解說）…約1/3根的分量

B
┌ 新洋蔥泥*³…適量
├ E.V.橄欖油…適量
├ 雪莉醋（Sherry Vinegar）…適量
└ 鹽巴…適量

C
┌ 洛克福起司（Roquefort）（撕碎）
│ …適量
├ 曼徹格起司（Manchego）（切片）
└ …適量

蘋果樹煙燻木片…適量
鹽巴、胡椒…各適量

＊1　未斷奶羔羊（日本產）的骨頭先放入烤箱烘烤，再放入鍋中，加水和未斷奶羔羊的羊舌一起以小火熬煮大約1個小時。待冷卻之後再剝除羊舌皮。燉肉湯汁作為小羔羊高湯使用。
＊2　用稍微多一點的鹽巴抹在約莫150g未斷奶羔羊的肉（日本產）上面，置於冷藏室一晚。以廚房紙巾擦去水分，均勻抹上匈牙利紅椒粉、胡椒、蒜末。放到調理盤中，置於冷藏室中靜置1～2週。
＊3　新洋蔥※帶皮放入烤箱中，以200℃的溫度烤至軟化。取出後，剝去洋蔥皮，以果汁機攪打成泥狀。

※譯註：剛採收不久的春季新鮮洋蔥。

1　小羔羊的羊舌與生火腿薄切成片，稍微撒上鹽巴與胡椒。

2　秋葵置於烤網上，以炭火烘烤。

3　小洋蔥連皮一起淋上橄欖油，放入200℃的烤箱之中烘烤10分鐘。剝去洋蔥皮，對半切。

4　厚底鍋中倒入橄欖油，放入大蒜、月桂葉（各為分量外），慢慢地加熱，讓香氣混入橄欖油之中。加入切成一口大小的高麗菜，撒上鹽巴，蓋上鍋蓋燜蒸。

5　用錫箔紙將長蔥捲包起來，放入200℃的烤箱之中燜烤15～20分鐘。

6　以材料B混拌步驟1～步驟5和材料A。盛放到容器之中，撒上材料C。

7　將蘋果樹煙燻木片裝填至煙燻槍（便攜式煙燻器。PolyScience公司出品）後啟用，讓煙燻的煙跑進步驟6的容器裡面後，蓋上蓋子。待端到顧客面前才掀開蓋子。

P.25

醃漬菜風味
小羔羊肉玉子燒

酒坊主

［約 1 人分］

A
- 小羔羊肉片…60g
- 木耳（泡水回軟）…25g
- 醃漬蔬菜（擠掉水分）*¹…50g

B
- 雞蛋…2顆
- 沙茶醬*²…1小匙
- 麻油…1小匙
- 鹽巴、濃口醬油…各適量

沙拉油、香菜、黑胡椒…各適量

＊1 可依喜好選用醃漬蔬菜。此處使用的是以甜醋（穀物醋100ml、味醂40ml、鹽巴1小匙混合好之後加熱。確實煮沸後的味道較為醇和，只加熱至溫熱程度即關火則酸味會較強烈一點）醃漬過的義大利紅菊苣。有時也會使用以這個甜醋配方醃漬出來的其他蔬菜。
＊2 印尼用於烤肉串（沙嗲）的調味料，傳入中國後改良而成的醬料。由大蒜、花生、洋蔥、蝦米，以及辛香料等調料製作而成。

1 將材料 A 剁成易於食用的大小，加進材料 B 之中混拌均勻。鹽巴與醬油的份量需視醃漬蔬菜的鹽分多寡而適當做出調整。

2 平底鍋開大火，倒入略多一點的沙拉油熱鍋。將步驟1倒入鍋中，蛋液邊緣凝固後，大致攪拌一下。待蛋液底部煎至金黃上色之後翻面，轉為小火。蓋上鍋蓋讓蛋液中間確實受熱。

3 盛放到容器之中。在一旁點綴上大略切碎的香菜，撒上現磨黑胡椒。

P.25

小羊肉片佐醋味噌

酒坊主

［約 1 人分］

白芹菜…適量
小羔羊涮肉用肉片…60g
醋味噌*…適量
青山椒（乾燥）、白芝麻…各適量

＊以麴味噌100g、上白糖25g、烏醋20ml、穀物醋30ml混合而成。

1 將切成小段的白芹菜盛放於容器之中。

2 鍋中裝水煮沸至80℃，快速地在熱水中涮過羊肉片，瀝去水分，趁熱放到步驟1上面。淋上醋味噌，撒上現磨青山椒再撒上白芝麻。

—

小羊肉豆腐湯

酒坊主

是一道能夠細細品味到昆布鰹魚高湯
與羊肉高湯的溫熱下酒菜。這道菜的
調味不似日式肉豆腐那般重口味,而
是以高湯作為下酒菜來喝日本酒的感
覺來進行調味。 [食譜 → P.30]

GENGHIS KHAN
—

羊肝佐醋醬油
羊SUNRISE 麻布十番店

將羊的第一個胃到第四個胃燙煮到仍
稍微留有嚼勁的程度後，再搭配自製
醋醬油一起享用。不同的部位所帶來
的不同口感，以及洋蔥的爽脆口感，
兩者的對比令人印象深刻。

[食譜→ P.30]

GENGHIS KHAN
—

羊肉燥
羊SUNRISE 麻布十番店

將邊角肉絞成絞肉，汆燙後把水倒
掉，接著用熱水洗去油脂，調理成清
爽風味。重點在於不時添加蜂斗菜、
蘘荷這類富含時令氣息的當季食材。

[食譜→ P.31]

P.28

小羊肉豆腐湯

酒坊主

［約1人分］

綜合高湯*…180ml
小羔羊涮肉用肉片…60g
嫩豆腐…1/2塊
香菜、花椒…各適量

＊將10cm大的昆布置於2L的水中浸泡30分鐘左
右。開火加熱至80℃以後，取出昆布，加入柴魚
片（厚削）60g。讓高湯維持在咕嘟咕嘟冒泡的沸
騰程度下，熬煮25分鐘後關火，進行過濾。最後
熬煮出來的高湯分量大約是1.4L。這時再加入濃口
醬油（「天然釀造丸大豆醬油（濃口）異」梶田商
店）60ml、上白糖1.5大匙混合均勻。

1　綜合高湯裡面加入適當分量的水增量，加熱。放入羊肉
　　煮熟，撈除浮沫。

2　加入事先切成易於食用大小的嫩豆腐，將湯汁煮乾至個
　　人喜愛的湯汁濃度。再按照喜好添加濃口醬油（分量
　　外）調整味道。

3　盛放到容器之中，擺上大略切碎的香菜。撒上現磨花
　　椒。

P.29

羊肝佐醋醬油

羊SUNRISE 麻布十番店

［約1人分］

小羔羊的胃（瘤胃、蜂巢胃、重瓣胃、皺胃）
　…60g（燙煮好的狀態）
自製醋醬油*…適量

＊將濃口醬油200ml、味醂100ml、米醋50ml，以
及一整顆分的香橙果汁放入鍋中，加熱至溫熱狀態
即關火，加入柴魚片。在常溫中放涼後，加入一整
顆分的香橙果皮並置於冷藏室半天。進行過濾。

1　用水將羊胃清洗乾淨，放入沸騰的熱水之中，開中火加
　　熱。燙煮之後把水倒掉，如此重複2次之後，再次用水
　　清洗羊胃，繼續燙煮2個小時。

2　將羊胃表面的汙垢與內含物清洗乾淨。

3　細細切成易於食用的大小，事先浸泡在醋醬油之中30
　　分鐘以上。

羊肉燥

羊SUNRISE 麻布十番店

［店內準備的供應量］

小羔羊絞肉…500g
大蒜（切成末）…20g
生薑（切成末）…20g
橄欖油…1大匙

A
┌ 豆瓣醬…1小匙
│ 苦椒醬…1大匙
└ 青辣椒（生的・切成末）…30根的分量

日本酒…100ml
水…適量

B
┌ 紅味噌…80g
│ 濃口醬油…50g
│ 蠔油…20g
└ 辣椒油（李錦記）…2大匙

C
┌ 香菜（切成末）…1/2把的分量
│ 蜂斗菜（切成末）…3株的分量
│ 蘘荷（切成末）…6根的分量
└ 茼蒿（切成末）…1/2把的分量

1 以沸騰的熱水快速汆燙羊絞肉，將油脂燙掉。用瀝水網撈出，再以熱水器的熱水燙洗。

2 用橄欖油拌炒大蒜與生薑，拌炒出香氣以後，再加入步驟1拌炒。整體拌炒油亮之後，加入材料A炒至出現辣味。

3 倒入日本酒，加水至快要蓋過鍋中食材。加入材料B混合均勻，繼續煮乾水分至肉醬呈現濃稠狀。

4 加入材料C快速翻炒。

5 適量盛放到容器之中，點綴上切成絲的香橙果皮（分量外）。

—

侗族式 羊肉酸肉

Matsushima

酸肉是一種居住在橫跨貴州省、廣西壯族自治區、湖南省區域的少數民族料理，作法是將肉或魚放到糯米中進行發酵。製作方法和日本的「熟壽司（なれずし）」十分相似，帶有些微酸味與熟成的香氣，非常下酒。

［約1人分］

小羔羊的肋排與肩胛肉（整塊）…合計約1～1.5kg

A ⌈ 鹽巴…30g
  ⌊ 花椒粉…3g

糯米…1kg

B ⌈ 大蒜（切成末）…5～6瓣
  │ 生薑（切成末）…1小塊
  ⌊ 乾煎辣椒*¹…適量

白酒…適量

鍋巴*²…適量

*1 將乾辣椒乾煎之後，再進行研磨而成。
*2 用上下兩層保鮮膜將電子鍋煮出來的白飯包覆起來，以擀麵棍將白飯擀成薄片狀。剝除保鮮膜並放到網架上，於常溫中自然風乾。以180℃的花生油進行油炸。

左邊的照片是醃漬1個月的狀態。醃床還保有米粒狀態且酸味適中，但若醃漬4個月以上，就會變得像右邊的照片這樣不見米粒狀，呈現滑順的狀態。順帶一提，右邊照片的醃床之所以顏色較淡，是因為這個配方裡面沒有添加辣椒。

1　將材料A均勻塗布在羊肋排與羊肩胛肉上，掛在通風良好之處風乾2～3天。風乾完成的基準為，外側乾硬，在壓按表面後，感覺內層仍舊柔軟的狀態。

2　糯米與糯米分量1.6～1.8倍的水一起放入電子鍋中炊煮。煮好以後趁熱加進材料B混拌均勻。稍微放涼以後，加入白酒。

3　待步驟2完全冷卻之後，移到保存容器裡面，並將步驟1的肉醃漬於其中，存放在常溫之中靜置1個月。

4　釋放出帶酸味的香氣之後，改存放至12～15℃之處，繼續靜置1個月。

5　移到冷藏室中，繼續靜置1個月以上。若能醃漬4個月以上，就可以更加入味。

6　剔除肋排的骨頭，並且薄薄地削掉與糯米接觸到的表層羊肉。同樣薄薄削掉肩胛肉的表層（a）。

7　鐵氟龍加工平底鍋中倒入少許油並熱鍋，放入步驟6，整塊香煎至表面金黃（b）。煎好以後薄薄削切成片（c），放到鍋巴上面，再盛放到盤子之中。

—

自製羊肉香腸

羊香味坊

在羊肉的粗絞肉之中揉入調味料，裝填到羊腸衣裡面，風乾。將其蒸煮之後再次風乾，就能將羊肉的風味濃縮於其中。羊脂的甘甜與胡椒的香氣，很適合與自然派的葡萄酒一同享用。

[150 ～ 160 條香腸的分量]

小羔羊肉（腹肉、腿肉等）…15kg

A
- 濃口醬油…300g
- 砂糖…375g
- 芝麻油…45g
- 鹽巴…187.5g
- 胡椒…10g
- 白酒…450g

香腸用鹽醃羊腸衣…25m

羊腸會以鹽醃狀態販售（左）。以流水洗去鹽巴，浸泡於水中30分鐘去除鹽分（右），再次用水清洗，完全去除水分後再做使用。

1 將羊肉切成1cm丁狀。半解凍的狀態下，會比較好切。

2 材料A全部倒入調理盆之中，混合均勻。

3 步驟1移到較大的調理盆裡面後，將步驟2均勻倒在肉上面。

4 混拌均勻，將調味料揉拌到肉裡面。覆蓋上保鮮膜，放入冷藏室中靜置12個小時。

5 絞肉機裝上填裝香腸用的灌香腸漏斗（內徑16mm），在漏斗管上抹上一些水，使其變得較為滑溜，再將羊腸套在漏斗管上。套好以後，在尾端打個結。

6 步驟4不留空隙地裝入絞肉機裡面，避免有空氣跑入。開始裝填進羊腸衣裡。

7 每間隔10～15cm就以事先浸過水的麻繩打個結。

8 懸掛在通風良好的地方風乾2～3天。風乾期間，晚上可用電風扇的風對著吹，幫助風乾。

9 風乾完成會如照片所示這般，呈現出表面帶有皺紋的狀態。

10 將香腸攤開避免疊在一起，平鋪至已冒有蒸氣的蒸煮器具之中。以大火燜蒸30分鐘。

11 蒸好的香腸會如照片這般，呈現出飽滿膨脹的狀態。

12 在香腸蒸好還熱著的狀態下，比照步驟8那樣風乾2～3天。風乾完成後，會像步驟9那樣表面帶有皺紋。大約可以冷凍保存2週的時間。

13 於供應前事先自然解凍。放入耐高溫塑膠袋之中，在袋內充滿空氣的狀態下綁住袋子。連同袋子一起放進沸騰的熱水中加熱。

煎烤

[第 2 章]

用平底鍋香煎帶骨羊背脊里肌肉，
慢火香煎的同時頻繁地靜置降溫

技術指導／菊地美升（Le Bourguignon）

以往會用平底鍋將羊肉表面香煎至金黃上色之後，再放入烤箱以高溫（250℃）烘烤5分鐘，用這樣的方式在短時間內烤好，但在幾年前開始改為只使用平底鍋來油煎，並且在油煎的時候頻繁地讓羊肉靜置降溫，花上約15分鐘的時間進行烹煮。這樣的烹調方法是為了要一邊時常觀察羊肉狀態的變化，一邊進行加熱。此外，這也是因為若用高溫進行煎烤，往外流出的肉汁感覺上似乎也會變多。順帶一提，若是靜置的時間過久，流出的肉汁也會變多，所以烹調時要短暫而頻繁地進行靜置降溫與加熱。香煎至盛盤時，羊肉切面會微微滲出肉汁的程度。

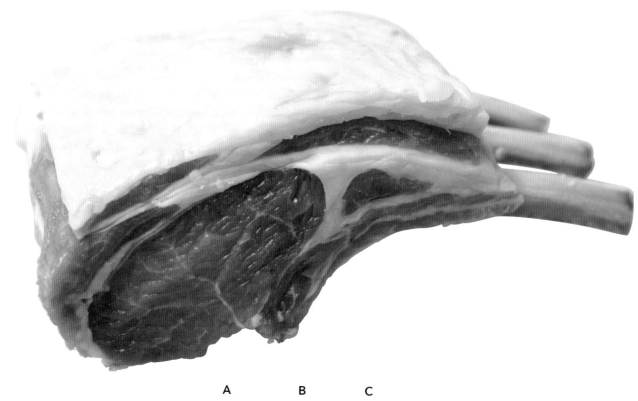

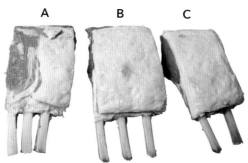

A　　　　B　　　　C

使用法國錫斯特龍（Sisteron）產。照片為半隻羊的背脊肉。左為肩側，右為尾側。由於A部位的筋與脂肪含量較多，花上一些時間慢慢將肉煮透會較為美味。尾側的C部位瘦肉含量較多，以不過度加熱的烹調方式較為適宜。這次選用羊肉與脂肪分布較為均衡的B部位進行煎烤示範。

割除多餘的脂肪，讓脂肪厚度平均地落在3～4mm。羊脂會散發出羊隻特有的香氣，所以不要切除太多。

劃上淺淺的格子狀刀痕，這樣可以更容易將油逼出來。接著雙面撒上鹽巴與胡椒。

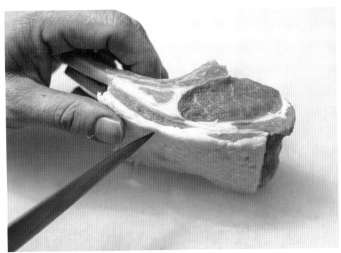

平底鍋以中火熱鍋，倒入橄欖油，羊背排脂肪一側朝下放入平底鍋中。大約香煎2分鐘半。離火，靜置約2分鐘。

香煎側面，待油煎至如照片這般金黃上色後，翻面同樣香煎另一側。

香煎骨頭根部一側的切面，油煎至表面金黃上色。④～⑤兩步驟所花費的時間合起來約莫2分鐘左右。離火並置於爐子附近靜置大約2分鐘。

擺放上大蒜、迷迭香、百里香。以湯瓢舀起平底鍋中的熱油，澆淋在羊骨（Arroser），持續此動作大約2分鐘。

待肉膨脹，且以手指按壓會有恰到好處的彈性時，以鐵籤戳進肉中幾秒，再拔出鐵籤抵放在唇下確認羊排中心的溫度。若鐵籤傳來溫熱感，就代表羊排已經煎好。

移到墊了網架的調理盤中，放到爐子上方的架子上，大約靜置10分鐘。

將羊背排上下翻面之後,離火。放在爐子附近靜置降溫約2分鐘,並將香草擺在背排肉上面。

香煎羊背排兩個側面與骨頭根部一側,再將帶有脂肪的一面朝下,舀起鍋中的熱油澆淋羊骨肉側,使其充分受熱。接著讓羊背排靜置降溫。先以間隔1分鐘的頻率反覆進行數次,接著再以間隔30秒的頻率反覆進行數次。

⑦

⑧

法式香煎小羊排

這道經典的法式料理,搭配了兩樣使用小羔羊肉製作的配菜,用多層次的風味來構築出羊肉的美味。使用的羊肉是腹肉或邊角肉這類不會搶占主菜鋒芒的部位,藉以提高料理本身的價值。

醬汁

1 製作羊骨濃縮肉汁（Jus d'agneau）。
① 將2kg的小羔羊骨放進倒入橄欖油的平底鍋中,香煎至表面金黃上色。用橄欖油將小羔羊骨煎至酥香。
另取一鍋,以橄欖油熱鍋,再將分別切成6等分的1顆洋蔥、1根胡蘿蔔、1根西洋芹,以及橫向對半切的1顆大蒜放入鍋中,煎烤至表面微焦後,暫時先自鍋中取出。
③ 將步驟①的小羊骨放到步驟②的鍋中,開火。倒入白酒200ml,藉此將先前鍋中蔬菜的鮮味溶進酒裡,熬煮小羊骨收汁。
④ 加水至大約可以淹過小羊骨,將步驟②先取出的蔬菜倒回鍋中。待煮滾後,撈出浮沫。在鍋中加入4枝百里香、1片月桂葉、10粒顆粒黑胡椒以及少許的岩鹽,持續以維持水滾狀態的火力熬煮約6個小時。過濾之後繼續熬煮至濃稠,再以鹽巴、胡椒進行調味。

2 將羊骨濃縮肉汁放入鍋中,熬煮收汁。加入奶油以增添濃稠度（Monter au Beurre）。

盛盤
切掉三根骨頭其中一個側面的骨頭,再薄薄地切除剩餘一側的表面。在切面上面撒上粗研磨黑胡椒與鹽巴,擺放在鋪了一層醬汁的盤子上面,與配菜（P.86~93）一同盛盤。

用平底鍋與烤箱烹調帶骨羊背脊里肌肉，讓羊肉溫和地均勻受熱

技術指導／小池教之（Osteria Dello Scudo）

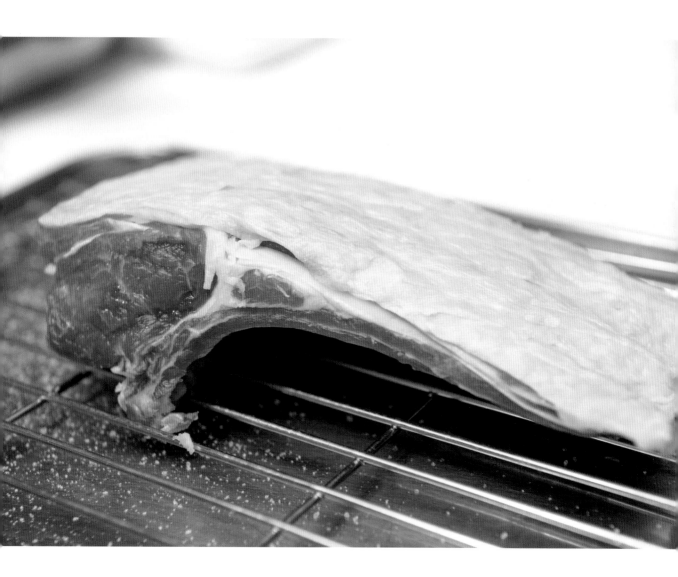

有不少店家會將包覆在肋骨下緣的薄膜與肉剔除乾淨，但這裡反過來將其留下，利用這層膜在煎烤時鎖住肉汁。舀起鍋中的油澆淋時，只淋覆在留下薄膜的羊骨部分，而不澆在肉上。兩側的切面也不接觸平底鍋，而是反覆地放在烤箱與開了小火的爐火上方靜置加熱。肉的部分不直接接觸熱源，而是藉由溫和的間接加熱，將其煎烤得美味多汁。

使用產自紐西蘭的小羔羊。僅薄薄割除一層脂肪表面即可進烹調。選用才剛剛開始吃草不久，脂肪層還很薄的小羊的帶骨羊背脊里肌肉。這是因為這種羊的肉質與脂肪含量，更接近在義大利修業期間烹煮過的，被稱為是「Agnello」的小羔羊。

在帶脂肪一側上面斜向劃上淺淺的細密刀痕，如此更能夠將油逼出來。整體撒上鹽巴。手拿羊背排帶肉一側，像是要將羊骨一端的脂肪塗抹在平底鍋上面一樣，用熱鍋將油逼出來。

迷迭香擺在羊背排肉上面，如果逼出來的油太少，可以倒入一些橄欖油補足。帶肉一側朝平底鍋上緣擺放，並傾斜平底鍋，以湯匙舀起流到平底鍋下緣的熱油，頻繁地澆淋到背後有肉的羊骨部分（Arroser）。

①

②

③

④

持續舀油澆淋至羊骨上的薄膜呈現出如照片這樣微焦金黃的狀態。接著繼續舀熱油澆淋背脊肉較厚的羊骨部位。以澆熟羊骨，再讓羊骨進一步使背脊肉受熱的感覺，持續舀淋熱油讓羊骨一側的薄膜與筋都確實受熱。

逼出脂肪一側多餘的油脂，香煎至表面呈現香氣誘人的金黃微焦狀態。

將火轉大，香煎骨頭根部一側的切面。由於這個切面帶有弧度，所以要用夾子夾著肉調整煎肉角度，或是傾斜平底鍋，均勻地香煎至表面均勻上色。留意兩側的切面不要接觸到平底鍋。

⑤

用錫箔紙包裹起來，放到瓦斯爐正上方的架子上靜置。正下方的爐火開小火，一邊溫和地加熱一邊讓羊肉靜置休息。接著再放進烤箱中靜置，重複進行3次。

⑥

Agnello alla cacciatora
（義式獵人燉小羊）

羅馬的傳統料理。原本是在帶骨肉排上面抹上麵粉之後香煎，再直接用煎過肉的鍋子製作醬汁。此處直接香煎整塊帶骨背脊肉，搭配上使用肉汁清湯（Brodo）製作而成的醬汁，盛盤成餐廳風格的擺盤。

醬汁
1 使用小羔羊的背脊骨或邊角肉，還有零星的蔬菜材料一起熬煮成高湯，取其肉汁清湯。

2 鍋中倒入橄欖油熱鍋，加入分別切成末的鯷魚、大蒜1/4瓣、迷迭香1枝、藥用鼠尾草葉3片、平葉巴西里1/2枝，稍微拌炒。加入70ml的步驟1熬煮收汁，灑上少許白酒醋。加進少量濃縮小牛高湯（Sugo di carne）熬煮收汁，以鹽巴調整味道。

3 倒入橄欖油並搖晃鍋子使其乳化，淋到肉上面。

使用竹籤戳入肉的中心處數秒，再將竹籤拔出抵放在唇下，若竹籤傳來美味的熱度時，就可以揭開錫箔紙。

用小火將脂肪一側煎至酥香。接著用夾子把肉立起來，讓脂肪一側的邊緣與骨頭根部一側的切面也均勻地在平底鍋上受熱。兩側的切面依舊不用煎。

和步驟⑥一樣，放在溫熱一點的地方靜置片刻。碰觸看看溫度是否降溫，待溫度放涼到溫熱狀態時，即可分切成盤。

配菜

1　鍋中倒入橄欖油熱鍋，放入切碎的風乾豬面頰肉（Guanciale）拌炒，逼出豬油。放入事先汆燙好並剝除外皮的蠶豆，以及事先處理好並切成易於食用大小的朝鮮薊和羽衣甘藍、高麗菜，一同拌炒。加入原味番茄泥（Passata）稍稍燉煮，加入佩科里諾起司混合。

盛盤

1　三根骨頭中，用刀子在外側兩根骨頭的邊緣入刀，沿著骨頭下方滑動刀子，取下骨頭。

2　對半切分切成兩半，切除兩側外圍切面。

3　和配菜一起盛入盤子裡面，淋上醬汁。

按部位給予最合適的加熱程度，最後再盛裝在一起組成拼盤

技術指導／近谷雄一（OBIETTIVO）

雖然每個部位都會先用平底鍋先煎一下，但之後會根據部位的不同改變香煎至上色的程度，也會配合肉的大小與肉質調整進烤箱的時間。而每一個部位最後都會用蒸烤爐（Steam convection oven）進行加熱。設定為略低的溫度180℃與溼度40%，緩慢而溫和地進行加熱。

使用的羊肉來自於北海道・白糠町「羊まるごと研究所」（全羊研究所）的酒井伸吾先生所飼養的小羔羊（於P.100～109介紹部位分割）。活用採購半隻羊進貨的優點，將多個部位組合在一起供應。**A**羊菲力（尾側腰內肉）、**B**羊臀肉、**C**羊腱肉、**D**脖頸肉、**E**腎臟。

羊菲力

位於脊椎下方的柔嫩腰內肉。使用尾側較為粗大的部分。由於肉質相當細緻且柔嫩，所以採用較小的火力將其烹調得溼潤多汁。

羊臀肉

連接後腰脊部位的腰臀肉。是一種脂肪含量甚少，而且十分柔嫩的瘦肉部位，特色在於具有濃郁的鮮甜滋味。以恰到好處的火候加熱至肉的中心部位。

羊腱肉

有筋分布於其中且膠質較多的部位。烹調的時候要讓羊腱肉中的筋與脂肪確實受熱，藉此突顯出肉質具有彈牙口感的美味之處。

脖頸肉

靠近肩胛一側，不但含有脂肪的鮮甜滋味，還能感受到瘦肉美味的羊頸部位。烹調完成前撒上辛香料再用火烤，可以增添香氣並逼出油分。

腎臟

以低溫冷藏直接寄達的日本國產小羔羊，內臟十分新鮮。緩減了羊隻特有的氣味，也更易於食用。裏上一層香濃奶油香氣並烹烤成內裏一分熟。

脖頸脂肪

羊脂裡面通常都會帶有羊隻本身所特有的香氣，不過酒井先生所飼養的小羊卻具有香醇不絕的好滋味。用來逼油煎肉的羊脂也很美味，故而一同盛盤享用。

平底鍋熱鍋，放入從羊脖頸上面切下的脂肪。

①

依序放入撒好鹽巴的羊臀肉與羊腱肉、羊菲力。

②

羊菲力雙面快速煎至表面變色的程度，即從鍋中取出。

③

⑦

⑧

⑨

整體表面油煎至金黃香酥。和步驟④一起放入步驟⑤的蒸烤爐裡面2分鐘，蒸烤成只有中心部分一分熟的狀態。

將相同比例的香菜籽與茴香籽、孜然籽混合在一起研磨成粉，再把肉桂粉、黑胡椒、大蒜油加進去混合均勻，塗抹在從蒸烤爐中取出的脖頸肉上。

步驟⑧擺放到烤網上面，直接用火烹烤，烤出辛香料的香氣並把油逼出來。

羊臀肉與羊腱肉雙面油煎至只有表面焦香上色，即從鍋中取出。

將脖頸肉與步驟④放到派盤上面，放入溫度180℃，濕度40%的蒸烤爐裡面。4～5分鐘過去之後，將迷迭香與百里香擺放到肉上面，接著繼續蒸烤4～5分鐘。按壓之後感受到恰到好處的彈性時，即可依序取出。

在步驟④的平底鍋中加入橄欖油與奶油，傾斜平底鍋讓油脂集中到邊緣。放入抹上薄麵粉的腎臟。

④

⑤

⑥

淋在腎臟上的醬汁

1　鍋中放入蜂蜜、火蔥末、紅酒，熬煮收汁至表面呈現蜜汁狀。

2　加入肉汁清湯（省略解說）增量，再熬煮收汁至濃稠狀。

盛盤

1　羊菲力、羊臀肉、羊腱肉分別從切斷纖維的角度分切成片狀。腎臟縱向對半分切。

2　在薩丁尼亞地區會和步驟1一起擺放上與羊肉十分對味的西洋芹葉子。在盤子上面灑上巴薩米克醋與E.V.橄欖油。在腎臟上面淋上醬汁並撒上胡椒。在羊菲力與羊臀肉、羊腱肉上面撒上鹽巴。

酒井先生的火烤小羔羊多種部位綜合拼盤

只有直接採購半隻羊才能夠這樣供應的綜合拼盤。將來自北海道，精心飼養出來的珍貴小羔羊，以每一種肉最適合的加熱程度進行烹調，物盡其用地不浪費任何一個部分。

利用炭火與烤箱，烹烤出香氣四溢的小羔羊鞍架

技術指導／田中 弘
（WAKANUI LAMB CHOP BAR JUBAN）

藉由炭火與烤箱併用的烹調手法，烹烤出香氣四溢又飽滿多汁的帶骨羊排。首先以高溫炭火將骨頭連接處充分烤透、帶脂肪一側烤得微焦酥香。接著再改用蒸烤爐讓羊排中心部分均勻受熱。反覆進行短時間放入烤箱、長時間靜置休息的動作，慢慢讓羊排中心溫度達到42～45℃。將羊排放在溫熱的地方靜置休息，能將其調理成分切時肉汁不會外流且內部呈現淡粉色澤的狀態。最後完成前再以低溫炭火烘烤。藉由滴出來的油脂讓炭火產生煙霧，使羊排縈繞上一股炭烤香氣。

使用的小羔羊鞍架是紐西蘭食用肉品加工公司「ＡＮＺＣＯ ＦＯＯＤＳ」，在旗下餐廳WAKANUI開業之初所開發出來的羊肉品牌「WAKANUI Spring Lamb」。將完全放養並且以高營養質值春季牧草飼養出來的小羔羊，在月齡3～6個月這個最是美味的時間點進行食用肉品加工，所以較為肉質鮮嫩而且也比較小型一點。八根骨頭分量的小羔羊鞍架大約重500g。使用的是去掉肋脊皮蓋肉的狀態。

將炭烤爐左右側分開使用，左側維持高溫，右側維持低溫。兩側使用的都是相同的木炭，只不過左側採用的是將木炭交錯疊合起來，在木炭之間製造出空隙好讓氧氣流通，促使火勢變強；右側則是不留空隙地垂直堆疊木炭，讓火勢變弱。

小羔羊鞍架雙面撒上鹽巴與胡椒，帶骨一側朝下，在右邊中找尋高溫處擺放烤網。一大塊的肉不容易加熱，所以一開始要先慢慢加溫。與此同時，也在這個階段加熱骨頭，將骨頭連接處烤透。

①

②

③

④

帶骨一側烤至焦香上色之後，上下翻面。

若炭火溫度太低，可以用團扇搧動空氣加大火力。若火力太強則添加燃燒過的木炭※讓火力變小。由於不同位置的火力或多或少有些差異，可以偶爾挪動一下擺放位置，將羊排均勻受熱。

※譯註：日本稱為「消し炭」。將燃燒中的木炭放入金屬容器中密封，在缺氧後自然熄滅的木炭。

骨頭根部附近的肉仍舊赤紅，此時
將肉立起來烘烤，一邊改動角度一
邊將其烤透。

烘烤到照片這般整體焦香上色的狀態後，將脂
肪一側面朝下放到派盤上面，放進蒸烤爐之中
以220℃蒸烤3～4分鐘。

⑤

⑥

⑨

⑩

帶骨一側朝下放到派盤上面，放到炭台上面的
架子上，靜置20～30分鐘。需留意的是，若是
將脂肪一側朝下，會因盤子導熱而讓羊排過度
受熱。

羊排脂肪一側朝下擺放到炭烤爐
右側的低溫處，將殘留在盤中的
油脂滴到炭火中產生煙霧，讓羊
排裹上一層煙燻香氣。

取出後，於常溫中靜置約2分鐘。接著重複進行
數次放入烤箱40秒再取出靜置2～3分鐘的動
作，慢慢地加熱讓羊排的中心溫度達到42～
45℃。

確認中心溫度。以鐵籤戳入約5cm深，抽出後
抵在唇下，確認鐵籤上肉的表面與中心部分的
溫度。當感覺到鐵籤整體溫熱，肉厚的部分與
肉薄的部分溫度差異不大，表面與中心部位的
溫度差異也相近時，就代表著已經烤好了。

(7)

(8)

WAKANUI
Spring Lamb
香烤小羔羊鞍架

直接烘烤半隻羊的一整塊羊背脊肉。
先以炭火燒烤讓羊排覆上一層炭烤香
氣，再用蒸烤爐將羊排肉烹烤得濕潤
多汁。大塊地進行分切並搭配上簡單
俐落的擺盤，讓人可以豪邁地大快朵
頤。

盛盤
以每塊肉各兩根骨頭的分量進行分切，
盛放於盤中。佐附上煎烤過的紅蔥（帶
皮的狀態下縱向劃入刀痕，用橄欖油煎
烤後，撒上鹽巴）與西洋菜。

用炭火烘烤小型帶骨小羔羊排
並避免將肉烤得太硬

技術指導／田中 弘（WAKANUI LAMB CHOP BAR JUBAN）

將小型的帶骨小羔羊背排以一根骨頭為單位進行分切，再用炭火烘烤得香氣四溢。由於肉的分量較小，十分容易烤熟，所以要確認炭火的火力大小去調整烹烤位置，讓羊排均勻受熱。此外，調整位置讓羊背排上面烙上格狀烤痕也是重點所在。烹烤手法跟小羔羊鞍架一樣，一開始先用高溫火烤，完成前再以低溫烤出炭烤香氣。烤好的狀態會是每一處的羊肉觸碰起來都具有相同的彈性，中心部分呈現淡粉色澤。於醃泡汁醃漬過後再進行烹烤的東方醬料調味羊背排，肉質會變得比其他調味來得稍微緊緻而紮實。

這道拼盤組合裡面共有四種風味的香烤帶骨小羔羊排，分別為僅撒上鹽巴與胡椒調味的基本款風味、裹覆上烤肉醬汁的BBQ風味、用辛香料調味後烹烤的東方醬料風味，以及裹上麵衣油炸的米蘭炸肉排風味。一片帶骨小羔羊排的重量約為60g。使用到的羊排跟P.50～53整個羊鞍架下去烹烤的WAKANUI Spring Lamb是一樣的。將肩膀一側數來第二～五根羊骨，肉質最為鮮嫩且美味、外型最佳的部分（照片中以手指示意的部分），製作成調味簡單的基本款風味與BBQ風味烤羊排。最左邊一根骨頭分切下來的羊排，因為形狀不佳，所以裹上麵衣製作成米蘭炸肉排風味（Milanese）的炸羊排。靠近尾部的羊排肉質較為紮實一點，所以用肉錘輕輕錘打讓肉變得鬆弛，可以製作成米蘭炸肉排風味或東方醬料風味。

①

烹烤基本款帶骨小羔羊排。先整體撒上鹽巴與胡椒，擺放到炭烤爐火勢較大的一側（參閱P.51）。待表面烤到變色並烙印上直紋烤網上的烤痕後，翻面烘烤。

②

另一面也同樣進行烘烤後，於再次翻面時，改變擺放方向讓表面形成格狀烤痕。另一面也同樣這樣烹烤。

將骨頭向下抵著烤網立起來，炙烤帶骨一側。骨頭根部的地方會流出血水，所以要確實面向火源將其烤透。

骨頭根部的地方。將其烤到像這樣充分呈現焦香上色狀態。加熱的時候會從骨髓中冒出血水，要將骨頭烤透到不會再流血水為止。

③

④

香烤帶骨小羔羊排拼盤

選用的小羔羊排來自於月齡未滿6個月的小羔羊，以紐西蘭高營養價值的春季發芽牧草飼養而成，有著令人驚嘆的柔嫩肉質與輕盈風味。由四種不同風味的帶骨小羔羊排組合而成。

米蘭炸肉排風味（合照上方正中央）

1　麵包粉100g、匈牙利紅椒粉5g、起司粉10g、巴西里10g、大蒜1瓣，以食物調理機攪碎。

2　用肉錘將帶骨小羔羊排捶打得薄且鬆弛延展。撒上鹽巴與胡椒，依序沾裹上低筋麵粉、蛋液、步驟1。

3　以180℃的沙拉油酥炸2分鐘至香脆。

將脂肪一側朝下立起來炙烤。油脂會開始滴落，繼而產生煙霧。

羊排脂肪一側炙烤到呈現出這樣的焦香色澤，且表面變得酥香就代表烤好了。如果此處沒有充分炙烤的話，烤出來的羊排就會顯得太油膩。

⑤

⑥

BBQ風味（合照左上方）

1 濃口醬油70ml與日本酒40ml、味醂40ml、洋蔥1小匙（磨成泥）、生薑泥1/2小匙、大蒜泥1/2小匙、番茄醬1小匙、蠔油1小匙、塔巴斯科辣椒醬（Tabasco sauce）適量混合在一起。

2 和基本款羊排一樣，採用相同的方法烹烤。

3 將步驟1裹覆到步驟2上面。

東方醬料風味（合照下方）

1 葛拉姆馬薩拉1小匙與橄欖油100ml混合均勻，帶骨小羔羊排放入其中醃泡大約2個小時。和基本款羊排一樣，採用相同的方法烹烤。

2 萊姆汁25ml與橄欖油50ml、紅辣椒1/3根（切成末）、香菜適量（切碎）混合在一起。一部分裹覆到步驟1上面，剩餘的部分則裝進容器之中，與羊排一起盛盤。

盛盤

在盤子裡面鋪上一些水菜，擺放上四種風味的帶骨小羔羊排。

將羊肩肉串成肉串，撒上辛香料，
用炭火炙烤得香氣四溢

技術指導／羊香味坊

用炭火炙烤串成一串串的羊肉串。重點在於肉串上的肉很小塊，要頻繁地轉動讓肉串均勻受熱。炭烤區域分成大火與小火的區域，一開始先擺放在小火區慢慢加熱。最後要烤好之前再擺放到大火處炙烤出香氣，與此同時，按照孜然籽、白芝麻、辣椒粉的順序撒上這些辛香料，每撒上一種就烘烤至散發香氣。按照不易烤焦的順序添加辛香料，每次撒上都適度地烘烤，充分地帶出辛香料中潛藏的美味。

使用澳洲小羔羊厚實的肩胛肉。用醃泡汁醃漬一整晚後，和羊脂一起串成肉串。準備了鹽巴與醬汁兩種調味供顧客在享用時沾取。除了只有簡單串上羊肉的肉串之外，還有穿插串上香菇的品項。串燒部分還有羊肝串、羊臀肉山藥串、山椒醬香羊頸肉。

將醃泡汁（1大顆分量的洋蔥泥、全蛋3顆、鹽巴少許）放入調理盆中混合均勻，加入切成3cm丁狀的小羔羊肩胛肉5kg抓醃。放到冷藏室中靜置一晚。

①

用竹籤將步驟①與羊脂（肉與脂肪比例為5比2）串成肉串，每串約45g。一串羊肉串大約串上兩塊羊脂。

②

③

炭烤爐先區分出火力較大與火力較小的兩個區塊。將羊肉串擺放到火力較小之處，撒上鹽巴。

④

朝下一面的表面受熱變色之後，稍微轉動羊肉串，將整體烹烤均勻。

當肉串上的油滴到炭火上面，煙霧開始冒出的時候，
撒上孜然籽。一邊撒一邊慢慢轉動羊肉串，待表面都
撒上一圈孜然籽以後，整體再整個烤上一遍。

待羊肉烤到像照片這樣微焦上色之
後，改為擺放到火力較大之處。

⑨

羊肉串轉動一圈，整體快速地炙
烤一下，釋放出辣椒的香氣。盛
放到盤子上面。

待整體烤到焦香上色之後，一邊轉動羊肉串一邊均勻撒上白芝麻。接著和之前步驟④一樣轉動肉串整體烘烤均勻。

將芝麻烤到金黃上色，轉動肉串整體撒上辣椒粉。

⑦

⑧

羊肩胛肉串燒（鹽味）

將小羔羊 肩胛肉與脂肪串成肉串，撒上孜然籽與白芝麻、辣椒粉後，再用炭火炙烤得香氣四溢。這道串燒是羊香味坊最受歡迎的人氣商品，活動展出時還曾經創下一天賣出3000支的佳績。

Coscia d'agnello al forno con patate
（烤小羔羊腿佐馬鈴薯）

Osteria Dello Scudo

是聖誕節和復活節期間必不可少的料理，可以說是義大利小羔羊料理的象徵。也可以帶骨一起烘烤。製作方法與味道會依家庭而有所不同。吸收了肉汁的馬鈴薯也十分可口。

［約15～20人分］

小羔羊腿肉…1整條
　（帶骨狀態3.3kg）
膏狀鹽漬豬背脂（Lardo）*³…50g
香草（大蒜、迷迭香、薄荷、
墨角蘭、野生茴香*¹、藥用鼠尾草
葉、月桂葉、香桃木的葉子*²）
　…各適量
佩科里諾起司（Pecorino）…適量
橄欖油、鹽巴…各適量
馬鈴薯*⁴…1kg

迷迭香…5枝
月桂葉…3片
帶皮大蒜…4～5瓣

＊1　為茴香的野生種類（Finocchio Selvatico）。
根部不會鼓起，香氣與味道也更為強烈。
＊2　日本和名為銀梅花。葉片可以用於製作烤全
豬等料理，果實則可以浸泡於蒸餾酒之中製作成果
酒。
＊3　將鹽漬豬背脂製作成滑順的膏狀物。
＊4　削去外皮，切成易於食用的大小。

1　去掉腿骨並且把肉攤開（P.98～99）。在攤開的地方撒上較多的鹽巴，在整個內切面任意塗上膏狀鹽漬豬背脂。

2　香草材料切成末之後確實混合均勻，撒在步驟1的豬背脂上面。接著撒上佩科里諾起司再灑上橄欖油。

3　將步驟2攤開的部分收攏成原狀。用棉繩確實將肉綁緊，讓人看不見肉的開口處。

4　綑綁至最後，連根部也牢牢綁起。

5　綁好以後的狀態。在這個狀態下放入冷藏室靜置一晚醃漬入味。於烘烤前自冷藏室中取出，花上一些時間讓整塊腿肉連同肉的中心都回復常溫。

6　馬鈴薯切好後平鋪到事先墊好錫箔紙的烤盤裡，放上烤網，再將腿肉放到網子上。用遠火的烤箱慢慢烘烤3個小時。

7　烤好以後取出，維持將肉擺在烤網上的狀態，擺到溫熱一點的地方，稍微靜置一陣子。

8　馬鈴薯上面擺上迷迭香、大蒜與月桂葉，烘烤至表面微焦。

9　烤好的馬鈴薯平鋪到容器之中，擺上羊腿肉，暫時端出至客席上。接著端回廚房，拆掉棉線並將肉進行分切。切好的肉和馬鈴薯一起盛盤。

Sunday Roast

（週日烤肉）

The Royal Scotsman

烤羊肉搭配上燉豆、烤蔬菜、約克郡
布丁、肉汁醬組合而成的料理，是義
大利人週末的基本款菜餚。隨餐附上
了義大利人享用羊肉的時候最不可欠
缺的薄荷醬。

烤羊肉與烤蔬菜
［2人分］
小羔羊背脊肉（帶骨・整塊）…500g
馬鈴薯（削皮・6～8等分）*[1]…300g（稍微汆燙過）
胡蘿蔔（約1cm厚的片狀）…約60g
大蒜（帶皮）…2瓣
迷迭香…2枝
青花菜（4小朵）…60g（稍微汆燙過）
四季豆…6根（稍微汆燙過）
豌豆…50g（稍微汆燙過）

約克郡布丁（Yorkshire pudding）
［底部直徑45mm的馬芬模具8個分］
低筋麵粉…140g
雞蛋…4顆
牛奶…200cc
沙拉油…適量

肉汁醬
［2人分］
奶油…5g
洋蔥（縱向切成薄絲）…50g
法式高湯（fond）…150cc
白酒…50cc
月桂葉…1/2片
以水溶開的日本太白粉※…1小匙（水與日本太白粉1：1）
鹽巴、胡椒…各適量

茄汁焗豆（baked beans）*[2]…適量
薄荷醬*[3]…適量
橄欖油、鹽巴、胡椒、巴西里（切成末）…各適量

*1　事先稍微汆燙過。
*2　使用義大利基本款的，以濃郁番茄醬汁熬煮
白豆製作而成的罐頭「Heinz baked beans」。
*3　麥芽醋120ml煮沸去掉酸味之後，加入砂糖
15g與水60ml並再次煮至沸騰，接著放涼。將細細
切碎的薄荷葉20g倒入其中混合均勻。

※譯註：意即馬鈴薯澱粉。日文漢字為「片栗
粉」。

烤羊肉與烤蔬菜
1　割除羊背脊肉上多餘的脂肪，在餘留下來的脂肪上面劃上細密的格子狀刀痕，均勻地撒上鹽巴與胡椒。

2　鍋中倒入橄欖油，開中火。待香氣散發出來後，將步驟1脂肪一側朝下放入鍋中。按照脂肪一側、帶骨根部一側、側面的順序，各香煎2分鐘。除了翻面之外，不去觸碰羊背脊肉。待整體油煎至金黃上色之後，將脂肪一側朝下擺放並轉為小火。

3　用廚房紙巾吸掉多餘的油脂，將馬鈴薯、胡蘿蔔、迷迭香塞滿肉跟平底鍋之間的空隙，接著再擺放上青花菜、四季豆與豌豆。

4　關火，連同整個平底鍋一起放進200℃的烤箱中，烘烤18～20分鐘。取出，靜置10～15分鐘將肉汁鎖在肉中。

約克郡布丁
1　低筋麵粉過篩。

2　將雞蛋打入調理盆中，以打蛋器將蛋液確實打散。步驟1加入蛋液之中，以打蛋器攪拌至滑順且無粉塊。倒入牛奶確實攪拌均勻。放入冷藏室中靜置1個小時。

3　在馬芬蛋糕模具中倒入深約1cm的沙拉油，放入240℃的烤箱中加熱20分鐘。

4　步驟2倒入步驟3的模具中，以190℃烘烤25分鐘。立刻從模具中脫模，放到網架上稍微放涼。

肉汁醬
1　製作醬汁的基底。奶油放入鍋中以中火融化，加入洋蔥拌炒至呈現淺褐色。倒入法式高湯、白酒與月桂葉，以中火熬煮10分鐘，將湯汁煮收汁到剩下一半的量。可在這個狀態下進行冷凍保存。

2　步驟1倒入煎完羊背脊肉還剩餘肉汁的鍋子裡，開火煮至沸騰後撈除浮沫。加入以水溶開的日本太白粉混合均勻，再度煮至沸騰後，確實攪拌均勻，使其呈現均勻的濃稠度。

3　撒上鹽巴與胡椒調整味道。

盛盤
1　將肉分切後，盛放到盤子之中。於一旁擺放上和肉一起烘烤的蔬菜、約克郡布丁、茄汁焗豆。淋上肉汁醬並撒上巴西里。佐附上薄荷醬一同供應。

MODERN CUISINE
—

燜烤小羔羊
佐香煎春季蔬菜

Hiroya

慢火煎烤的帶骨羊背脊里肌肉，佐搭上季節差不多的香煎春季蔬菜，再附上奶香四溢的起司醬與香甜的羅勒葉，讓人得以充分享用珍貴的喝奶小羊獨有的美味。 [食譜→ P.68]

—

小羔羊粗肉丁
漢堡排

酒坊主

將切成大塊丁狀的羊肩肉拌打成形，
製作成漢堡排。先用平底鍋將表面香
煎至定型，靜置一會兒再放入烤箱烘
烤，就能烹調出牛排一般的多汁口
感。　[食譜→ P.69]

MODERN CUISINE
—

春季蔬菜
烤小羊肉捲

Hiroya

用羊五花肉將蘆筍、香菇與西洋菜捲
包起來，快速香煎表面。再以燜蒸的
方式蒸煮蔬菜。這樣的加熱方式能讓
蔬菜和羊肉口感吃起來都可口多汁。
墨角蘭甜甜的香氣和羊肉的鮮甜十分
對味。　[食譜→ P.69]

燜烤小羔羊
佐香煎春季蔬菜

Hiroya

［約1人分］

烤小羔羊
未斷奶羔羊背脊里肌肉…帶骨4根的分量

蠶豆泥
蠶豆…適量
羅勒葉…適量
橄欖油、鹽巴…各適量
新洋蔥泥（P.24）…適量
生薑（1～2mm丁狀）…適量

芥末籽醬汁
未斷奶羔羊骨濃縮肉汁（Jus）[1]…適量
第戎芥末籽醬（Dijon mustard）…適量
鹽巴、檸檬汁…各適量

奶油起司醬
奶油起司…適量
自製美乃滋…適量
帕瑪森起司…適量
第戎芥末醬…適量
長蔥醬[2]…適量
黑七味粉、鹽巴、胡椒、檸檬汁…各適量

香煎春季蔬菜
甜豆…適量
荷蘭豆…適量
帶皮大蒜…適量
花蛤高湯（省略解說）…適量
橄欖油、鹽巴…適量

[1] 未斷奶羔羊的骨頭與香味蔬菜一起放入烤箱烘烤後，加水開火熬煮，煮滾之後撈除浮沫。改以小火熬煮3個小時。取出羊骨，繼續熬煮至湯汁顏色變深。
[2] 適當切下長蔥的蔥綠部分，以橄欖油慢慢拌炒。加入雞高湯（Fond de volaille）至快要蓋過蔥綠，將蔥綠煮到熟透。以手持式攪拌機將其攪打成泥狀。

烤小羔羊
1 香煎帶骨羊背脊里肌肉。鍋中倒入橄欖油，從脂肪一側開始香煎。按照瘦肉一側、帶骨一側的順序油煎每一面。

2 連同整個平底鍋一起放進200℃的烤箱中烘烤，烤一陣子就取出來擺到溫熱一點的地方靜置一陣子。重複幾次這樣的動作，讓肉中心也慢慢受熱。對半分切成每塊肉各兩根骨頭。

蠶豆泥
1 自豆莢中取出蠶豆，汆燙至熟軟。

2 剝除蠶豆外皮，加到羅勒葉、橄欖油、鹽巴與新洋蔥泥裡，以手持式攪拌機攪打成碎塊狀。供應前加入生薑再次加熱。

芥末籽醬汁
1 加熱未斷奶羔羊骨濃縮肉汁，加入第戎芥末醬、鹽巴、檸檬汁調整味道。

奶油起司醬
1 以手持式攪拌機將所有材料攪打均勻。

香煎春季蔬菜
1 甜豆去蒂，把豆莢打開成兩半。荷蘭豆去蒂除絲。

2 平底鍋中倒入橄欖油與大蒜加熱，炒出香氣之後，加入步驟1稍微香煎一下。

3 離火，趁著平底鍋還有餘熱之時，倒入少許花蛤高湯並蓋上鍋蓋，進行燜蒸。

盛盤
1 芥末籽醬汁舀入盤中，擺放上羊背脊里肌肉。在盤中佐附上奶油起司醬與蠶豆泥，整體視覺平衡地盛放上香煎春季蔬菜。

P.67

小羔羊粗肉丁漢堡排

酒坊主

［約2人分］

小羔羊肩胛肉…300g
鹽巴…3.3g
黑胡椒…適量
芝麻菜、豆苗*¹…各適量
沙拉油、花椒、香菜籽（Coriander seed）、
　薄荷香菜醬*²…各適量

＊1　此處用的是芝麻菜與豆苗組合，不過也可以使
用白芹菜或西洋菜等蔬菜，只要是帶有香氣的葉菜
類蔬菜就可以。
＊2　薄荷葉2小包的分量、香菜4束、太白芝麻油
120ml、烏醋15ml與魚露15ml，以食物調理機攪打
成糊狀。

1　羊肩胛肉切成1～2cm丁狀。撒上鹽巴與黑胡椒拌打，
　　放入冷藏室中靜置1個小時以上。

2　平底鍋斜斜放在瓦斯爐上，倒入略多的橄欖油熱鍋。放
　　入步驟1，將表面油煎至定型。以錫箔紙包裹起來，放
　　入200℃的烤箱之中烘烤4分鐘後，放在爐火附近溫熱
　　一點的地方，靜置4分鐘左右。

3　再次放入200℃的烤箱之中烘烤3分鐘，取出靜置5分
　　鐘。（若始終都用平底鍋，等到加熱至漢堡排內部的時
　　候，就會烹調成很有嚼勁的漢堡排）

4　芝麻菜與豆苗盛放到盤子裡，再將切成4等分的步驟3
　　擺到上面。撒上現磨花椒與香菜籽，佐附上薄荷香菜
　　醬。

P.67

春季蔬菜烤小羊肉捲

Hiroya

［約1人分］

未斷奶羔羊腹肉…1頭小羊的分量
蘆筍（根部一側）…1/2根
香菇（切成薄片）…1/2朵的分量
西洋菜的莖…3根
大蒜（切成薄片）、鷹爪辣椒、橄欖油、
　檸檬汁…各適量
A　┌ 長蔥（斜向薄切）…適量
　　│ 義大利紅菊苣…適量
　　└ 香菇（切成薄片）…適量
小羔羊高湯（左頁未斷奶羔羊骨濃縮肉汁，
　尚未熬煮至顏色變深前的高湯）…適量
墨角蘭（生）…少許

1　將羊腹肉的厚度對半切開。撒上鹽巴與胡椒，放上蘆
　　筍、香菇、西洋菜的莖與墨角蘭，用肉捲包起來。

2　平底鍋中倒入橄欖油，以時不時翻動的方式，將步驟1
　　的表面香煎至整體微焦上色。

3　取另一鍋，將大蒜、鷹爪辣椒、橄欖油放入鍋中加熱。
　　待香氣散發出來以後，加入材料A並撒上鹽巴，蓋上鍋
　　蓋稍稍燜蒸。

4　倒入小羔羊高湯至大約蓋到蔬菜的量，稍微燉煮。加入
　　橄欖油與檸檬汁並攪拌至乳化。

5　步驟4盛入容器之中，再擺放上步驟2。於步驟2的上
　　方點綴上墨角蘭。

—

韭菜醬烤羊肉
（羊ニラミント）

南方中華料理 南三

烘烤時讓羊肩胛肉頻繁地進出烤箱，並且以較小的火力烘烤以鎖住肉汁。搭配上大量用韭菜、薄荷、生薑、檸檬香茅等食材製作而成的清爽醬汁一起享用。 [食譜→ P.72]

—

燒烤香料羔羊
（Méchoui）

Enrique Marruecos

「Méchoui」在阿拉伯語中，意味著「火烤」。當地人會在炭火上架上網子燒烤。事先抓醃好辛香料的羊肉口感柔嫩，能夠充分品嚐到羊肉的鮮甜。搭配上新鮮生菜吃起來更為清爽。［食譜→ P.73］

—

香料烤小羊腿排

Erick South Masala Diner

將帶骨的羊腿排肉以一分熟的感覺進行烘烤，再切成厚一點的肉塊，享用其柔嫩肉質與羊瘦肉的好滋味。這道料理在印度會確實烤熟，故而這樣的熟度可以說是日本才有的烹調風格。

［食譜→ P.73］

韭菜醬烤羊肉
（羊ニラミント）

南方中華料理 南三

［約4人分］

醃肉醬

洋蔥…300g
生薑…50g
孜然粉…10g
花生油…200g
孜然籽…10g
鹽巴…5g

韭菜薄荷醬汁

韭菜（切成末）…200g
薄荷（切成末）…200g
生薑（切成末）…50g
檸檬香茅…50g
木姜子（乾燥）*¹…30g
花生油…400ml
魚露…3大匙
中國白醋*²…1大匙

小羔羊肩胛肉（整塊）…300g

＊1 外型酷似山椒，具有清爽香氣的辛香料。
＊2 用米釀造而成的中國的醋。

醃肉醬

1　洋蔥與生薑個別以食物調理機攪打成碎末狀，混合在一起，以瀝水網瀝去水分。

2　步驟1與孜然粉一同倒入調理盆中。

3　中式炒鍋中倒入花生油與孜然籽。慢慢提高油溫，待孜然籽開始彈跳，就加到步驟2的調理盆中，確實攪拌均勻。以鹽巴調整味道。

韭菜薄荷醬汁

1　韭菜、薄荷、生薑、檸檬香茅、木姜子倒入調理盆中，混拌均勻。

2　花生油加熱至180℃，倒進步驟1的調理盆中。

3　在調理盆下面墊上冰水，使其冷卻的同時，以魚露與白醋調整味道。

最後步驟

1　將羊肩胛肉的表面修清乾淨。浸泡在醃肉醬裡面，放進冷藏室中靜置半天到1天。

2　於烘烤前，提前1個小時將肉自冷藏室中取出，讓肉回復到室溫。

3　步驟2放入250℃的烤箱中烘烤5分鐘，取出後靜置2分半。重複此項步驟5～6次。

4　將肉分切成片，盛放到盤子裡面。淋上韭菜薄荷醬汁，最後完成前可以用噴槍在醬料表面稍微炙烤出香氣。

P.71

燒烤香料羔羊
（Méchoui）

Enrique Marruecos

［約3～4人分］

小羔羊肉片（燒烤用）…500g

A
┌ 孜然粉…1小匙
│ 匈牙利紅椒粉…1小匙
│ 鹽巴…4g
│ 大蒜（切成末）…1/2小匙
└ 橄欖油…1大匙

紅洋蔥（切成薄絲）…適量
香菜（切成長1cm段狀）…適量
E.V.橄欖油…適量
檸檬汁…適量
鹽巴、黑胡椒、孜然粉…各少許

1　事先用刀尖輕戳羊肉片，讓肉更容易醃漬入味。

2　步驟1放入調理盆中，加進材料A後，用手確實抓醃。

3　製作擺放在羊肉上面的生菜沙拉。取另一只調理盆，放入紅洋蔥與香菜，淋上E.V.橄欖油確實混合均勻。接著加入檸檬汁、鹽巴、黑胡椒、孜然粉，整體混拌均勻。

4　使用鐵氟龍加工平底鍋，不倒油，雙面乾煎步驟1的羊肉片。配合肉片的厚度調整加熱的火候。

5　盛放到盤子裡面，在煎烤好的肉片上面擺上步驟3。

P.71

香料烤小羊腿排

Erick South Masala Diner

綠莎莎醬
［易於製作的分量］
乾燥薄荷…10g
香菜…80g
綠辣椒（生）…40g
洋蔥…500g
生薑大蒜泥…50g
醋…250g
砂糖…40g
橄欖油…700g

羊腿排
［易於製作的分量］
小羔羊腿肉（帶骨的整塊腿排肉）…適量
鹽巴…羊肉重量的1%
自製葛拉姆馬薩拉…0.2%
黑胡椒…羊肉重量的0.2%

葉菜類蔬菜（綠皺葉萵苣、苦苣等）…適量
紅洋蔥（切成薄絲）…適量
香菜（切碎）…適量
添加辛香料的自製芥末籽醬…適量

綠莎莎醬
1　用果汁機將材料攪打成泥狀。

羊腿排
1　在羊腿排肉上面抹上鹽巴、自製葛拉姆馬薩拉與黑胡椒，做成真空包裝。放入冷藏室中靜置2週，讓羊腿排肉濕式熟成。

2　步驟1放進綠莎莎醬中抓醃，接著醃漬約10分鐘。放入450℃的烤箱之中，一口氣烤好。

3　移至溫熱一點的地方稍微靜置一下子，分切成略為大塊的肉塊。

盛盤
1　將切好的羊腿排肉盛放到盤子裡面，佐附上葉菜類蔬菜、紅洋蔥、香菜，以及添加了辛香料的自製芥末籽醬。

饢坑架子肉

（新疆回族的鐵架烤羊肉）

南方中華料理 南三

［食譜→ P.76］

FRANCE

香烤小羔羊肩排

BOLT

[食譜→ P.77]

饢坑架子肉
（新疆回族的鐵架烤羊肉）

南方中華料理 南三

維吾爾族中相當具代表性的羊肉料理。
將事先醃漬過辛香料的帶骨羊肉串在鐵
製架子上，放進稱為饢坑的石窯裡面
烤。這裡特別在羊肉上面又裹上一層加
了辛香料的麵衣，嚐起來更添酥香口
感。

［約5人分］

醃肉醬
洋蔥（切成末）…300g
生薑…50g
孜然粉…10g
孜然籽…10g
花生油…200ml
鹽巴…5g

最後步驟
小羔羊肋排（長條肋骨）*…600g
　　┌ 低筋麵粉…110g
　　│ 水…100ml
　　│ 雞蛋…1顆
A　│ 鹽巴…1小匙
　　│ 花生油…1大匙
　　│ 薑黃粉…1小匙
　　└ 香菜粉…1小匙
　　┌ 孜然粉…1大匙
　　│ 香菜粉…3大匙
B　│ 葛拉姆馬薩拉…1大匙
　　│ 一味辣椒粉…1大匙
　　└ 鹽巴…1大匙

＊使用市面上流通販售的，肋骨長度較長的商
品。可以從販售清真食品的孟加拉系食材批發商
等處入手。

醃肉醬

1　洋蔥與生薑個別以食物調理機攪打成碎末狀，混合在一
　起，以瀝水網瀝去水分。

2　步驟1與孜然粉一同倒入調理盆中。

3　中式炒鍋中倒入花生油與孜然籽。慢慢提高油溫，待孜
　然籽開始彈跳，就加到步驟2的調理盆中，確實攪拌均
　勻。以鹽巴調整味道。

最後步驟

1　將羊肋排浸泡在醃肉醬裡面，放進冷藏室中靜置半天到
　1天。

2　材料A倒入調理盆中，以打蛋器確實攪拌均勻，製作成
　麵衣。

3　步驟1放入步驟2的調理盆中，充分沾裹上麵衣。

4　放入200℃的烤箱中烘烤10～15分鐘。

5　材料B混合均勻，撒在步驟4上面。串在架子（外型如
　鳥籠般的架子，串上肉之後可以直接放進饢坑裡烤肉，
　是維吾爾族的一種烹調用具。參閱P.74的照片）上
　面，盛盤供應。

P.75

香烤小羔羊肩排

BOLT

用喝奶幼羊的整塊帶骨肩胛肉烹煮成羊肩排。以平底鍋、明火烤爐（Sala-mander）、烤箱等各種煎烤用具進行加熱。還加上了反覆澆淋奶油的步驟（Arroser），給人一種香甜奶香的強烈感受。

［約3～4人分］

未斷奶羔羊肩胛肉
　　（帶骨・一整塊）…1隻
橄欖油…適量
奶油…50g
大蒜（帶皮）…4～5瓣
羊骨濃縮肉汁（Jus d'agneau）*1…100ml
濃縮肉湯（Jus de viande）*2…100ml
雞高湯（Fond de volaille）*3…適量
第戎芥末籽醬…適量
塔斯馬尼亞芥末籽醬
　　（Tasmania mustard）…適量

＊1　將合計3kg的小羔羊邊角肉、骨頭、皮等部位，放到大型平底鍋中香煎至呈現微焦酥香狀態。肉與骨頭等移到另一只大鍋中。以平底鍋中剩餘的油脂拌炒大蒜1顆（橫向對半切）、胡蘿蔔1根（切成薄片）、洋蔥2顆（切成薄絲），將其拌炒至熟軟。加入1.5大匙番茄糊並倒入350ml的白酒，將平底鍋中的鮮味溶進酒裡，接著倒入放了肉與骨頭的大鍋子裡。在鍋中倒入7L的水，開火煮至沸騰時，撈除浮沫。轉為小火熬煮4個小時。過濾之後放入冷藏室靜置一晚，刮除凝固在上層的白色脂肪。熬煮收汁至剩餘1/10的湯汁量。
＊2　採用和羊骨濃縮肉汁（Jus d'agneau）相同的作法進行製作。將多種種類的肉與骨頭混合在一起進行熬煮。
＊3　雞翅等部位2kg、洋蔥1顆（切成薄絲）、大蒜1/2顆（橫向對半切）、百里香10枝、月桂葉2片、水6L一起放入鍋中，開火煮沸後，撈除浮沫。轉為小火，一邊熬煮一邊適時加水。使用老雞約熬煮4～5個小時，若為雞翅則大約熬煮2～3個小時。熬煮好的量大約是2L。

1　羊肩胛肉事先回復至室溫。平底鍋中薄薄抹上一層橄欖油，開大火。直接將整塊羊肩胛肉放入鍋中，香煎至整體表面微焦上色。

2　明火烤爐開大火，將步驟1放到烤架上，每一面大約烘烤5分鐘。

3　奶油放入平底鍋中熱鍋，待奶油煮融一半時，將步驟2的羊肩胛肉放入平底鍋中。平底鍋微微傾斜，用湯匙舀起鍋中奶油快速地澆淋在肉上，讓奶油的香氣滲入肉中的同時，將羊肩胛肉烹調得鮮嫩多汁。

4　將大蒜加進步驟3的平底鍋中。連同平底鍋一起放進185℃的烤箱中烘烤3分鐘，再取出來靜置3分鐘。重複這個動作大約三次，讓羊肩胛肉中心也確實受熱。

5　將羊骨濃縮肉汁、濃縮肉湯、雞高湯倒入步驟3的平底鍋中，熬煮至收汁。接著再加進第戎芥末籽醬、塔斯馬尼亞芥末籽醬混合均勻。

6　平底鍋中的醬汁倒到盤子裡面，盛放上分切好的羊肉與大蒜。

烤羊排

（香料酥烤羊肋骨排）

中国菜 火ノ鳥

以炙烤手法烹調羊肋排的北京料理。佐附上被稱為老虎菜的涼拌香菜沙拉。這涼拌菜有著即使老邁依然虎虎生風的含意，重點在於調味要足夠香辣。搭配油較多的部位一起享用，吃起來較為清爽。 [食譜→ P.80]

—

香料酥
烤小羔羊肋排

BOLT

這道料理好吃的秘訣就在於要確實將
羊肋排的脂肪和筋的部分烤熟。使用
明火烤爐烘烤,可以在高溫加熱的同
時,讓凹凸不平整的部分也都能完全
均衡受熱。　[**食譜**→ P.80]

—

烤羊肋排
佐香菜沙拉

Hiroya

用小火慢烤,把羊肋排上的油逼出
來,再將厚度對半切成易於食用的大
小。搭配上以魚露和檸檬汁涼拌的香
菜與洋蔥,讓整體味道變得清淡且清
爽。　[**食譜**→ P.81]

P.78

烤羊排

（香料酥烤羊肋骨排）

中国菜 火ノ鳥

［約2人分］

小羔羊肋排…3～4根肋骨分量的整塊肋排
香料粉*1…適量
香菜…1小撮

A
├ 大料油*2…1/2大匙
├ 米醋…1大匙
├ 青辣椒（生‧切成末）…1大根的分量
└ 鹽巴…適量

鹽巴、胡椒、大豆白絞油…各適量

＊1 孜然20g、乾辣椒（一整根）20g、顆粒黑胡椒3g分別乾煎並研磨成粗顆粒狀。混合在一起，再加進3g咖哩粉。
＊2 大豆白絞油與芝麻油以4：1的比例混合，加入適量乾辣椒、花椒與八角，以高溫加熱，讓香氣滲入油裡面。

1 高溫預熱烤箱（使用直火式烤箱）。

2 羊肋排雙面稍微撒上鹽巴與胡椒。中式炒鍋熱鍋後倒油，以大火快速地香煎羊肋排，油煎至整體表面都焦香上色。

3 在羊肋排上面撒上香料粉，用錫箔紙鬆垮垮地包覆起來。

4 關掉步驟1烤箱的上火，將下火轉為小火。步驟3放進烤箱中烘烤10分鐘（用烤箱中的餘熱進行燜烤）。

5 取出羊肋排，掀開錫箔紙。關掉烤箱的下火，開上火，將羊肋排放回烤箱1分鐘，讓撒在表面的香料受熱散發香氣。

6 香菜切成易於食用的大小，和材料A混拌在一起做成涼拌菜，平鋪到盤子裡面。

7 在步驟5的骨頭與骨頭之間下刀分切，盛放到步驟6上面。

P.79

香料酥烤
小羔羊肋排

BOLT

［2人分］

小羔羊肋排…700g

A
├ 大蒜（磨成泥）…1瓣的分量
├ 五香粉…1/3小匙
├ 孜然粉…尖尖的1小匙
├ 紅酒醋…1大匙
├ 蜂蜜…1.5大匙
└ 鹽巴…7g

煙燻片鹽（Maldon）、黑胡椒…各適量
野生芝麻菜（Rucola selvatica）…適量
油醋醬（Vinaigrette）*1…適量
榛果油調和油醋醬*2…適量

＊1 將橄欖油500g、紅酒醋200g、蜂蜜50g、魚露200g混合均勻。
＊2 將榛果油250g、太白芝麻油400g、紅酒醋250g、鹽巴35g混合均勻。

1 羊肋排放到混合好的材料A中醃漬，放入冷藏室中靜置1天以上。

2 步驟1自冷藏室中取出，於烘烤前事先退冰回復至室溫。

3 以明火烤爐進行烘烤。先以脂肪一側4成受熱、帶骨一側5成受熱的加熱程度進行烘烤。目標在於將附著在骨頭上的筋烤透，烤到咬起來有脆脆口感的程度。

4 放入185℃的烤箱中，烘烤約莫5～10分鐘，烤到羊肋排內部中心也確實受熱。

5 步驟4以一根骨頭為單位進行分切，盛放到盤子裡面，撒上煙燻片鹽與黑胡椒。用油醋醬與榛果油調和油醋醬涼拌野生芝麻菜，擺放到羊肋排上面。

烤羊肋排
佐香菜沙拉

Hiroya

［約1人分］

未斷奶羔羊肋排肉（帶骨）…180g
橄欖油…適量
大蒜（帶皮）…2～3瓣
珠蔥醬汁*…適量
香菜（切成段）…適量
新洋蔥（切成薄絲）…適量
魚露…適量
檸檬汁…適量
鹽巴、胡椒…各適量

＊取1束珠蔥的蔥綠、1顆烤大蒜、花生50g、橄欖
油200ml、水150ml，以果汁機攪拌過後以篩子過
濾。

1　在羊肋排上撒上鹽巴與胡椒。平底鍋中倒入橄欖油，脂
肪一側朝下放入平底鍋中。將大蒜也放入鍋中。把油逼
出來的同時，以小火慢慢加熱，油煎至表面焦酥之後上
下翻面，連同整個平底鍋一起放入200℃的烤箱中3分
鐘。取出後靜置4～5分鐘。重複進出烤箱的這個步驟
數次，讓羊肋排中心也確實受熱。

2　將肉的厚度對半分切。珠蔥醬汁倒進盤子裡面，再將羊
肋排擺到醬汁上面。

3　用魚露與檸檬汁涼拌香菜與新洋蔥，盛放到羊肋排上
面。

INDIA

Mutton seekh kebab
（香料羊絞肉串燒）

Erick South Masala Diner

羊絞肉裡面除了加進葛拉姆馬薩拉之
外，還添加了一種名為黑色小茴香
（Kalonji）的辛香料，帶有類似奧勒
岡或百里香的獨特風味。烹烤盡可能
以高溫進行烘烤，將肉串烤得外酥內
嫩又多汁。 ［食譜→ P.84］

ITALIA

橙香辣味
羊肋排

TISCALI

進貨時採購半隻羊回來分割，肋骨的
部位在帶肉的狀態下分切成長條狀。
由於這個部位的脂肪含量較高，所以
使用辛香料的辣味與清爽香氣來調
味，再和柳橙一起烹烤調理。

［食譜→ P.84］

MOROCCO

—

小羔羊卡夫塔

Enrique Marruecos

「卡夫塔（Kefta）」是摩洛哥的肉丸子料理。如果從頭開始用整塊肉下去剁成絞肉，就能製作出更道地，更能享受到咀嚼之樂的多汁肉丸。享用時可依喜好撒上孜然與鹽巴。

[食譜→ P.85]

CHINA

—

帶骨小羔羊排

羊香味坊

使用產自澳洲的大塊小羔羊排肉。先以一邊塗上中式味噌和羊脂一邊炙烤。這麼做可以讓羊肉本身的香味更為強烈，香氣四溢的同時又能將肉烤得美味多汁。

[食譜→ P.85]

P.82

Mutton seekh kebab
（香料羊絞肉串燒）

Erick South Masala Diner

［易於製作的分量］

印度酸甜醬（Green chutney）
　優格…100g
　檸檬汁…45g
　香菜（切成末）…40g
　薄荷（生）*¹…40g
　生薑（切成末）…10g
　鹽巴…4g
　砂糖…4g
　水…適量

A
　成羊絞肉…800g
　洋蔥（切成末）…160g
　大蒜（切成末）…16g
　青辣椒（生・切成末）…5g
　香菜（切成末）…12g
　麵包粉…80g
　鹽巴…10g
　克什米爾辣椒粉（Kashmiri Chilli Powder）*²…10g
　自製葛拉姆馬薩拉…10g
　薑黃粉…2g
　黑色小茴香（Kalonji）…3g

番茄（用烤箱烤過）…適量
紅洋蔥（生・切成圈狀）…適量
青辣椒（生・縱向對半切）…1/2根的分量
香菜…適量

＊1　可用5g乾燥薄荷代替。
＊2　產自印度的一種沒有辣味的紅辣椒研磨而成的辣椒粉。
＊3　也被稱為黑種草（Nigella seeds）或是黑孜然（Black cumin）。是一種黑色小顆粒狀的乾燥種籽，常被用來作為烹調咖哩前，要先以熱油炒出香味的辛香料之一。

1　將印度酸甜醬的材料全部混合在一起。

2　材料A倒入調理盆中，將所有材料混拌成團，並且小心不要過度揉拌。

3　取適當的量裹覆住鐵串並輕壓定型，放入450℃的烤箱烘烤4分鐘。

4　將烤過的番茄與生洋蔥放到盤子裡面，擺放上步驟3。點綴上香菜與青辣椒，佐附上盛到醬料碟裡的印度酸甜醬。

P.82

橙香辣味羊肋排

TISCALI

［2人分］

小羔羊的羊肋排（帶骨・長條肋骨）…約150g
A
　哈里薩辣醬（Harissa）*…1大匙
　茴香籽…1小匙
　四香粉（Quatre Epices）…1/2小匙
　孜然籽…1小匙
　玄米油…2大匙
柳橙（切成扇形塊狀）…約1/2個的分量
西洋芹與胡蘿蔔的葉子…各適量
B
　茴香籽…1小匙
　鹽巴…1大匙

＊用紅辣椒、孜然、香菜等辛香料製作而成的北非辛香料基底。法國與義大利南部也經常使用。

1　材料A混合好以後，均勻塗抹到整塊羊肋排上面。

2　烤盤上面放上烤網，擺上步驟1與柳橙，放入200℃的烤箱烘烤20分鐘左右。烘烤期間需適時上下翻面，將雙面都烤得金黃上色，筋的部分也確實烤到。

3　盛放到容器之中，擺上西洋芹與胡蘿蔔的葉子，佐附上混合好的材料B。

P.83

小羔羊卡夫塔

Enrique Marruecos

［約4～5人分］

小羔羊絞肉（粗絞肉）＊…500g
洋蔥（切成末）…100g
大蒜（切成末）…1/2小匙
香菜（切成末）…20g
平葉巴西里（Italian Parsley）（切成末）…20g
孜然粉…1小匙
匈牙利紅椒粉…1小匙
黑胡椒…1小撮
鹽巴…4g

＊使用羊肩胛里肌肉這些部位的一整塊肉下去剁成
粗絞肉，做出來的味道會更加道地。

1 將所有的材料放入調理盆中，確實混拌均勻並小心不要
　揉拌過度。

2 單手抓取適量於手中，滾搓成3×2cm大小的橢圓狀。
　讓中心處稍微有點凹陷下去。

3 使用鐵氟龍加工平底鍋，開大火將步驟2乾煎至雙面微
　焦上色。

4 依喜好撒上孜然粉與鹽巴（皆為分量外）後享用。

P.83

帶骨小羔羊排

羊香味坊

［約500人分］

帶骨小羔羊排肉…500片（1片約95～100g）
醃肉醬（醃泡汁）
　洋蔥（切成粗末）…650g
　香菜根（切成粗末）…170g
　生薑（切成粗末）…150g
　大蒜（切成粗末）…155g
　青椒（連籽一起切成粗末）…100g
　番茄（連籽一起切成粗末）…800g
　西洋芹的葉子與莖（切成末）…合計200g
　雞蛋…50顆
　水…1.2L
　鹽巴…300g
　雞高湯粉…80g
　濃口醬油…350g
　白胡椒…10g
　啤酒…125g
　十三香＊1（可省略）…7g
羊脂…適量
塗抹用烤肉醬…下記材料適量
　豆味噌＊2…100g
　濃口醬油…100ml
白芝麻、熟辣椒粉（P.18）、鹽巴…各適量

＊1 中國製的一種綜合辛香料。
＊2 不使用米麴，只以大豆釀造的味噌。

1 將醃肉醬的材料混合在一起，醃漬帶骨小羔羊排約8個
　小時。

2 在烤架上火力較強的地方放上烤網，放上事先擦去水分
　的步驟1。烤至表面變色後翻面，以刷子塗抹羊脂，撒
　上鹽巴。

3 羊排再次翻面，同樣塗抹羊脂並撒上鹽巴。

4 烤出的油脂會滴落到木炭上，使其開始冒煙。待朝下接
　受火烤的一面烤至微焦上色後翻面，將另一面也烤到差
　不多的程度。

5 塗抹上烤肉醬，撒上白芝麻。翻面，在另一面也塗抹上
　烤肉醬並撒上白芝麻。

6 烤到芝麻散發出香氣且顏色金黃微焦之後，上下翻面。
　待另一面也烤好以後，依喜好撒上熟辣椒粉，並且再稍
　微烤一下帶出辣椒香氣，另一面也如法炮製。從烤架上
　取下，用料理剪刀在垂直骨頭的方向剪三刀。

用羊肉烹煮配菜的
創意新想法

凱薩沙拉風配菜

將羊五花肉像是在煎培根那樣煎到表面焦香酥脆。再和炒至香甜熟軟的洋蔥以及蘿蔓萵苣加在一起，以添加了帕瑪森起司的油醋醬進行調味。

番茄鑲肉（Farce）

切下蒂頭並挖除裡面的番茄肉與種籽，將絞肉餡填入番茄裡再進行烘烤。是一道法國家常料理。中型番茄的大小適合做為配菜，其本身較為厚實的番茄味道也能和風味濃郁的羊肉取得良好平衡。

法式香煎小羊排

說到法國料理店最具代表性的羊料理，就會想到煎烤「帶骨羊背肉（Carré）」。尤為喜愛羊料理的菊地美升主廚在供應香煎小羊排的時候，還會附上兩樣用羊肉烹調而成的配菜，以能品嚐到多樣化風味的構想將羊肉的美味組合在一起。這樣的嘗試始於不想要浪費買回來的半頭小羔羊一分一毫。用腹肉或邊角肉這些不容易單獨作為主菜的部位所製作而成的配菜，不但能提高單點料理的整體完成度，也能作為前菜或開胃菜供應。如果是休閒風格的酒吧，將這些配菜分別作為單點料理供應也是很不錯的選擇。在此將為大家介紹能讓人感受到羊料理更多可能性的配菜。

燉羊肉醬開放式三明治

在不裹麵衣直接油炸的茄子上面，盛放上羊肉燉肉醬，製作成「Tartine」開放式三明治（Open Sandwich）。軟嫩的茄子與散發羊肉香氣的燉肉醬，非常地對味。

焗烤薯泥肉醬（Hachis parmentier）

將法國料理中十分經典的焗烤馬鈴薯泥料理搭配燉小羊肉醬。填入塔圈模具中再行烘烤，就能製作出不亞於餐廳的成品外觀。

千層麵

奶香滑順的奶油白醬、燉小羊肉醬、千層麵皮層層堆疊而成的千層麵。每一層都塗得薄薄的，依序疊上數層，製作出十分考究的細膩風味。

可樂餅

將經典羊肉燉煮料理「法式燉羊肉（Navarin）」（P.128）製作成可樂餅。加入撕碎的羊肉熬煮至收汁，拌入葡萄乾與松子再冷藏凝固，裹上麵衣炸至表皮酥脆。

創意貝涅餅（Beignet）

用小羔羊五花肉將蘑菇捲包起來，裹上薄薄一層輕盈酥脆的麵衣酥炸。吸收了羊五花肉鮮甜肉汁的蘑菇有著令人難以抗拒的美味。

生春捲

將脂肪含量較高的牛五花肉部分煎得焦香酥脆，再和薄荷葉、白蘿蔔、胡蘿蔔一起用米紙捲包起來。塗抹在肉片上面的哈里薩辣醬是整體風味與香氣的一大亮點。

燉羊肉醬
開放式三明治

［1人分］

米茄子…適量
燉小羊肉醬…下記製作完成後
取40～50g
　小羔羊肩胛肉…600g
　洋蔥（切成末）…1/2顆的分量
　胡蘿蔔（切成末）…1/2根的分量
　鹽巴、胡椒、橄欖油…各適量
　四香粉…0.5g
　卡宴辣椒粉
　　（Cayenne Pepper Powder）…0.3g
　匈牙利紅椒粉…1g
　咖哩粉（S&B紅罐）…3.5g
　葛拉姆馬薩拉…0.3g
　肉豆蔻粉…1g
　薑黃粉…1g
　去皮整顆番茄罐頭…400g
　月桂葉…1片
紅心蘿蔔…適量
櫛瓜…適量
花椰菜…適量
南瓜…適量
櫻桃蘿蔔…適量
甜椒…適量
菊苣…適量
萵苣…適量
西洋芹…適量
芽苗菜※…適量
圓狀吐司丁＊…適量

＊將吐司薄切成片，以小型塔圈模具壓模
後，再用小上一圈的塔模再次壓模，切割成
中空圓狀與小圓狀吐司丁，一起用奶油炸至
香酥。

※譯註：各種豆類或葉菜類蔬菜的嫩芽苗。

1　製作使用小羊烹調而成的燉小羊肉醬（參閱右頁）。

2　將米茄子的皮削成條紋狀，分切成厚1.5cm的片狀，
　　不裹麵衣直接油炸。

3　紅心蘿蔔切成薄片，再切成易於食用的一口大小。櫛瓜
　　縱向薄切，用煎烤鍋煎烤之後捲起來。花椰菜切成一小
　　朵一小朵，再分切成一小蕊。南瓜薄切成扇形片狀。櫻
　　桃蘿蔔薄切成圓片狀。甜椒火烤至外皮焦黑，剝去外皮
　　並切成易於食用的大小。菊苣與萵苣切小塊。去掉西洋
　　芹的粗纖維，斜向薄切。

4　步驟2擺放到盤子裡，將加熱好的燉小羊肉醬盛放於其
　　上。擺上步驟3的蔬菜，點綴上芽苗菜與圓狀吐司丁。

燉小羊肉醬

1 將羊肉切成2cm丁狀，好方便用絞肉機絞成絞肉（若整塊大塊肉直接下去絞，可能會讓絞肉機過熱）。絞成粗絞肉。

2 在直徑24cm的琺瑯鍋（或厚底鍋）中倒入橄欖油，放入洋蔥與胡蘿蔔以大火拌炒。

3 與此同時，在另一平底鍋中倒入橄欖油，放入步驟1的羊絞肉。撒上鹽巴與胡椒，開大火先將底部的羊絞肉煎至焦香。

4 羊絞肉單面香煎至變色後，翻動絞肉並大略將其炒散。翻炒至整體仍摻雜部分紅色絞肉時，逐次加入一種辛香料拌炒。

5 翻炒至羊絞肉整體確實呈現深褐色的色澤後，以瀝油網瀝去油分。瀝出的油分靜置備用。

6 步驟2的部分，在洋蔥拌炒至呈現如照片所示的淺褐色，並且炒出蔬菜的甜味之前，都要頻繁地翻炒以避免焦掉。

7 去皮整顆番茄以果汁機攪打至呈現綿密滑順狀態後，以篩子進行過濾。倒入步驟6的鍋子裡，攪拌均勻。

8 步驟7煮滾約30秒後關火，去掉番茄的酸味。倒進步驟5的羊絞肉混拌均勻。

9 適量加入步驟5瀝掉的油分，增添羊肉的香氣。但要是加太多會讓味道變得過於濃郁，酌量調整添加量以烹調出恰到好處的風味。

10 煮滾約30秒後關火。視情況加水稀釋。放入月桂葉並蓋上鍋蓋，以200℃的烤箱蒸烤20～30分鐘。

11 在蒸烤的途中將鍋子取出，用橡皮刮刀將鍋邊乾掉的醬汁刮入鍋中，混合均勻。

12 待醬汁呈現濃稠狀，整體融為一體即烹煮完成。最後再以鹽巴與辛香料調整味道。

焗烤薯泥肉醬
（Hachis parmentier）

［1人分］

燉小羊肉醬（P.89）…50g
　馬鈴薯泥…下記完成後取50g
　　馬鈴薯…200g
　　奶油…20g
　　牛奶…40g
葛瑞爾起司（Gruyère cheese）…適量

1　製作馬鈴薯泥。
　①馬鈴薯削去外皮再對半切，冷水入鍋汆燙。
　②汆燙至馬鈴薯熟軟以後，以瀝水網瀝去水分後，再
　　次放回鍋中。開火的同時，將馬鈴薯壓碎，煮掉水
　　分。
　③適當壓碎馬鈴薯並加熱至水分揮發掉後，加入奶油
　　與牛奶，一邊加熱一邊混拌至馬鈴薯泥呈現黏稠
　　狀。

2　將加熱好的燉小羊肉醬平鋪到直徑4.5cm的塔圈模具
　裡。接著再填入步驟1並抹平表面。

3　在上面撒上足量的葛瑞爾起司，放入250℃的烤箱中烘
　烤8分鐘左右，確實加熱。

4　要盛盤之際，以明火烤爐將表面烘烤至微焦上色。

千層麵

［3人分］

奶油白醬
　牛奶…20g
　奶油…20g
　低筋麵粉…20g
千層麵（Barilla）…3片
燉小羊肉醬（P.89）…200g
葛瑞爾起司…適量

1　製作奶油白醬。
　①牛奶事先回復至室溫。
　②奶油放入鍋中開火煮融後，加入低筋麵粉。以小火
　　拌炒，確實加熱麵粉。
　③步驟①的牛奶少量多次倒入步驟②的鍋中，邊加邊
　　攪拌均勻。需留意若一口氣倒入牛奶會很容易造成
　　結塊。以鹽巴與胡椒調整味道。

2　調理盤中塗抹上奶油，趁熱鋪上1/3的燉小羊肉醬、
　1/3的奶油白醬，再鋪上一片未經汆燙的千層麵。

3　重複進行步驟2的動作。接著再依序鋪上燉小羊肉醬與
　奶油白醬。置於室溫之中大致放涼。放涼後，千層麵皮
　會吸收燉小羊肉醬與奶油白醬的醬汁，繼而軟化至恰到
　好處的軟硬度。

4　放入200℃的烤箱中烘烤15～20分鐘。待千層麵皮烤
　熟，放涼後脫模。

5　供應前分切成長方形，撒上葛瑞爾起司。放入200℃的
　烤箱中再次加熱。

可樂餅

[13×10cm 調理盤的分量1個]

法式燉羊肉的醬汁（P.128）…120g
小牛高湯（Fond de veau）（省略解說）…2大匙
法式燉羊肉的肉（同上）…90g
松子…2大匙
葡萄乾…2大匙
低筋麵粉、雞蛋、麵包粉（細粒）、橄欖油
　…各適量
燜炒洋蔥*…適量
芽苗菜…適量

＊順著洋蔥的纖維切成薄絲。鍋中倒入橄欖油熱
鍋，加入洋蔥，撒上鹽巴。用小火慢火燜炒，不停
地拌炒以避免洋蔥變色，直至洋蔥熟軟。

1　將法式燉羊肉的醬汁放入鍋中熬煮收汁。熬煮期間加入
　小牛高湯，繼續熬煮至湯汁出現黏稠度。

2　撕碎法式燉羊肉的肉塊，加進步驟1裡面。松子烘烤過
　後，與葡萄乾一起加進去攪拌。

3　煮至水分蒸發，整體混合成一體之後，倒入預先鋪上一
　層保鮮膜的調理盤中。抹平表面，放進冷藏室中冷卻凝
　固。

4　分切成長方形，依序沾裹上低筋麵粉、蛋液、麵包粉。

5　平底鍋中倒入略多的橄欖油，熱鍋。放入步驟4，煎炸
　至整體表面焦香酥脆。

6　在盤子中央鋪上一層燜炒洋蔥，在上面擺上步驟5。點
　綴上芽苗菜。

冷卻之後，湯汁中的
膠質會使其凝固。

創意貝涅餅（Beignet）

[1人分]

貝涅餅麵團
　低筋麵粉…90g
　速發乾酵母…9g
　啤酒…135ml
蘑菇…2朵
小羔羊腹肉（肉片）…3～4片
油炸用油、嫩葉生菜…各適量
法式燉羊肉的醬汁（P.128）…適量
鹽巴、胡椒…各適量

1　製作貝涅餅麵團。
　① 低筋麵粉與速發乾酵母放入調理盆中，混合均勻。
　② 倒入啤酒混拌均勻。放在溫熱一點的地方靜置約15
　　 分鐘，促進發酵。待表面冒出一個一個的氣泡即發
　　 酵完成。

2　蘑菇處理乾淨，用1～2片羊腹肉片捲包起來。撒上鹽
　巴與胡椒。

3　用步驟1的貝涅餅麵團將步驟2包裹起來，以大約
　190℃的熱油酥炸。

4　法式燉羊肉的醬汁熬煮收汁，煮到呈現出濃稠狀態後，
　舀到盤子裡面。擺上對半切成兩半的步驟3。點綴上嫩
　葉生菜。

番茄鑲肉（Farce）

[8～10人分]

小羔羊肩胛肉…300g

A
- 鹽巴、胡椒…各適量
- 雞蛋、麵包粉、牛奶…各適量
- 四香粉…少量

洋蔥（切成末）…1/4顆的分量
中型番茄…8～10顆
迷迭香、百里香…各適量

1 　使用去掉筋與多餘脂肪的小羔羊肩胛肉300g。

2 　材料A加進步驟1裡面混拌均勻後，將洋蔥也加進去拌匀。

3 　在中型番茄上面，約莫整體1/4的地方下刀，切下連著蒂頭的部分置於一旁備用。挖除番茄裡面的番茄肉與種籽，往挖空的番茄裡面撒鹽巴，填入步驟2。

4 　平底鍋中倒入橄欖油（分量外）熱鍋，將步驟3填入肉餡的那一面朝下放進平底鍋。肉餡表面香煎至焦香上色後，肉餡一面朝上擺進琺瑯鍋中。

5 　蓋上琺瑯鍋的蓋子，放入200℃的烤箱中烘烤10分鐘。烘烤到一半時打開鍋蓋，淋上橄欖油，接著再次蓋上鍋蓋，將肉餡中心燜烤至熟。

6 　將步驟3切下備用的番茄蒂部分放到步驟5的番茄鑲肉上面。擺上迷迭香與百里香，繼續燜烤至後來擺上的番茄蒂部分也烤熟，自鍋中散發出誘人的香氣。

凱薩沙拉風配菜

[2人分]

小羔羊腹肉等脂肪含量較多的肉…100～150g
油醋醬…下記調製完成後取3大匙
- 第戎芥末籽醬…2大匙
- 巴薩米克醋…1大匙
- 紅酒醋…2大匙
- 雪莉醋…1大匙
- 醃小黃瓜（Cornichon）（切成末）…3條的分量
- 酸豆…1大匙
- 鯷魚…2片
- 橄欖油…適量
- 溫泉蛋…2顆
蘿蔓萵苣…4片
鹽巴、胡椒、帕瑪森起司…各適量
燜炒洋蔥（P.91）…2大匙

1 　平底鍋熱鍋後，將小羔羊肉含有脂肪的一面朝下放入鍋中。將朝下的一面煎到焦香之後，再依序香煎其餘的面。煎至整體微焦且香氣四溢，自鍋中取出。趁熱分切成細長條狀，大致放涼。

2 　製作油醋醬。一開始先將溫泉蛋以外的材料混拌均勻，最後再加進溫泉蛋混合。

3 　將蘿蔓萵苣切成易於食用的細長條狀，放入調理盆中，撒上鹽巴與胡椒、帕瑪森起司混合。加進燜炒洋蔥後嚐嚐看味道，再以鹽巴與胡椒、帕瑪森起司調整味道。

4 　將步驟1加入步驟3裡面混拌均勻。

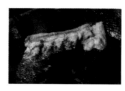

像這樣用羊肉本身的脂肪將肉煎至金黃焦香。這裡使用的是處理煎烤用羊背脊肉時，從肋骨上面切下的肉（P.94～95），除此之外也可以使用肋脊皮蓋肉。

生春捲

[1人分]

煎烤小羔羊肩胛胛肉*…約30g
法式燉羊肉的醬汁（P.128）…適量
哈里薩辣醬…適量
蘿蔓萵苣…1片
蕪菁…1/4個
胡蘿蔔…1/6根
水菜…1株
米紙…1張

＊小羔羊肩胛胛肉去筋，整塊放進倒了橄欖油的平底
鍋，香煎上色。放入200℃的烤箱中，將內部也烤
熟。

1　煎烤小羔羊肩胛肉放涼以後，切成細條狀。

2　法式燉羊肉的醬汁放入鍋中熬煮收汁。加進哈里薩辣醬
　整合味道，放涼。

3　步驟2少量加入步驟1裡面混合均勻。

4　蘿蔓萵苣切成細條狀。削去蕪菁與胡蘿蔔的外皮，切成
　細條狀。水菜切成易於食用的大小。

5　米紙快速壓進水裡再取出，攤平在砧板上面。擺上步驟
　3與步驟4，從邊緣開始將餡料捲包起來。

6　分切成易於實用的大小，盛盤。

煎烤用 羊背脊肉的修清方法
～留下肋脊皮蓋肉，切掉羊腹肉～

技術指導／菊地美升（LE BOURGUIGNON）

法國普羅旺斯錫斯特龍小鎮的小奶羊（出生300天內的小羔羊）的羊鞍架，切除背脊骨與肩胛骨、割下羊腹肉，處理成露出羊肋骨的狀態。羊腹肉能夠加以活用，拿來煎烤烹調成配菜（P.86～93）。切掉羊腹肉而露出來的肋骨處，要再仔細地將上面的邊角肉與筋處理乾淨。

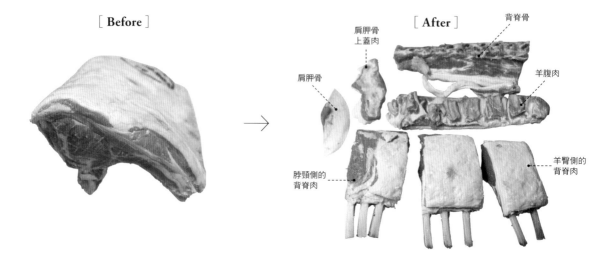

[Before]

[After]

肩胛骨上蓋肉

肩胛骨

背脊骨

羊腹肉

脖頸側的背脊肉

羊臀側的背脊肉

切除背脊骨

1 將脂肪一側向上擺放，在背脊骨（脊椎）上方延伸出來的骨頭與羊肉之間下刀。一點一點地劃入刀子，直到刀子抵到背脊骨。

2 上下翻面，讓肋骨一側朝上，用剪刀（使用修枝剪）將肋骨與背脊骨剪開到一半。

3 將步驟2立起，手持砍骨刀自步驟2剪開的地方下刀。以由上而下砍落的動作，切除背脊骨。

割除肩胛骨

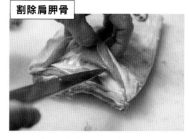

4 脖頸側的背脊肉與肩胛骨上蓋肉之間還殘留著肩胛骨。在肩胛骨的上方下刀，讓刀子貼著肩胛骨的上方滑動，將肩胛骨上方的肉割開。

5 肩胛骨的下方也以相同的方法入刀，割開肩胛骨下方的肉。

6 取出肩胛骨。

割下羊腹肉

7　脂肪一面朝上，在肋骨末端一側，約莫整體1/3的地方下刀，直直地劃下深及肋骨的一刀。

8　翻面，沿著步驟7下刀的相同切割線，在肋骨與肋骨之間下刀，割開肋骨之間的肉。反手握刀，垂直割入其中。

9　在每根肋骨的兩側下刀，將肋骨上的膜與肋骨左右兩側的肉從肋骨上割開。

10　按順序操作步驟9的動作，逐一割開每一根肋骨。

11　再次翻面，將肋骨與羊腹肉還連接在一起的地方逐一割開。

將肋骨處理乾淨

12　用刀尖將殘留在肋骨表面的邊角肉與筋刮除乾淨。

割除薄膜

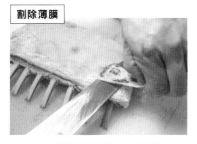

13　表層脂肪是羊隻特有氣味來源之處，一邊用手拉著這層表面脂肪，一邊劃入刀子將其割除。

切下肩胛骨上蓋肉

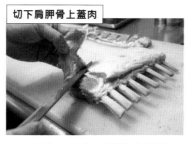

14　步驟4～步驟6所割除的肩胛骨上方，有一層上蓋肉。將這個部分切下來，可以作為邊角肉烹調成配菜或義式肉醬（P.86～93）。

割除背脊骨側的脂肪

15　如果背脊骨這一側含有多餘的脂肪，將其切除。

分切成小塊

16　靠近羊臀側的肉以兩根骨頭為單位切成一塊。這個部分瘦肉較多，肉質稍微硬一點。多半作為午餐料理供應。

17　剩下來的部分，以三根骨頭為單位分切兩塊。靠近脖頸側的肉中心圍繞著脂肪與其他部分的肉，具有較為濃郁的鮮甜滋味。用於晚餐供應的單品料理。

18　三塊之間的中間部分。直接一整塊下去煎烤（P.38～41），烹調好以後再對半分切供應。

油炸用 羊背排的修清方法
～切掉肋脊皮蓋肉與羊腹肉～

技術指導／近谷雄一（OBIETTIVO）

使用來自澳洲，月齡6～7個月的小羔羊鞍架。由於之後要沾裹麵衣下去油炸，若是有脂肪或是筋殘留，會讓味道產生異味，也會讓烹調出來的完成品顯得油膩，所以在此處將羊背排處理到肋骨上面只剩羊背脊肉。羊腹肉在連著肋脊皮蓋肉的狀態下，一口氣割下來。割下來的肉能夠加以活用絞成絞肉使用，或是整片捲包起來進行烘烤，製作成薩丁尼亞地區的特色料理肉餡烤派「PANADAS」（P.218）裡的肉餡。

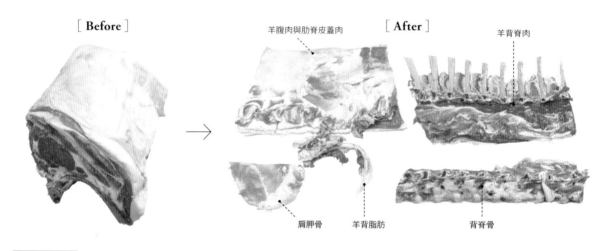

［Before］

［After］

羊腹肉與肋脊皮蓋肉

羊背脊肉

肩胛骨　羊背脂肪

背脊骨

割除肩胛骨

1 脖頸側的肩胛骨上蓋肉下面有塊肩胛骨。在脖頸側的切面下刀，用刀子劃入肩胛骨的上方，從肩胛骨上方將肉割開。

2 肩胛骨的下方也同樣劃入刀子，將肉和骨頭割離。

3 一手拉開上蓋肉，一手取出肩胛骨。

割除肋骨一側的薄膜

4 肋骨一側朝上擺放，在背脊骨的邊緣處下刀，劃開覆在肋骨上面的一層膜。

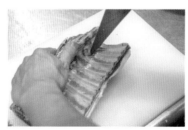

5 用刀尖在每一根肋骨的兩側劃入刀痕。

6 用刀子將覆在肋骨上的薄膜刮掉，集中到背脊骨的方向。

從肋骨上面剔下羊腹肉

7 從每根肋骨的側邊下刀，劃入刀子後貼著肋骨下方滑動刀身，像是要把羊腹肉從肋骨上面刮下來似地將肉割開。

8 肋骨稍稍朝上，用刀子順著由上而下的方向，將殘留在肋骨下方的筋刮乾淨。

9 用手提著羊腹肉，讓露出來的肋骨朝向下方。在羊腹肉與羊背脊肉之間下刀，一點點地把肉割開。

割下牛腹肉與肋脊皮蓋肉

10 上面也跟著割開，將肋脊皮蓋肉與羊背脊肉完全分割開來。

11 整個切下來的樣子。左邊一大塊是連在一起的羊腹肉與肋脊皮蓋肉。右邊則是完整保留在肋骨上面的背脊肉（帶骨小羔羊排）。

剔除羊背上的脂肪

12 用刀子將背脊骨一側多餘的脂肪割到一半。

13 徒手抓住割開到一半的部分，撕下剩餘的部分。

切除背脊骨

14 在沿著背脊骨（脊椎）上方延伸出來的骨頭邊緣處下刀，將肉割離骨頭。

15 用砍骨刀切開背脊骨與肋骨連接之處。

分割肉塊

16 以一根骨頭為單位進行分切。

17 將筋切掉以避免羊背脊肉受熱後蜷縮起來。

18 用刀腹輕輕拍扁羊背脊肉。之後再用刀背敲打，讓肉的纖維變得鬆弛。處理好後裹覆麵衣油炸（P.204「酥炸帶骨小羔羊排」）。

炙烤用 羊腿肉的修清方法
～切掉尾骶骨、髖骨、大腿骨～

技術指導／小池教之（Osteria Dello Scudo）

烹烤整條羊腿肉是基督教國家義大利在復活節前後享用的美味料理。有些地方會將整條羊腿連同骨頭一起烹烤，不過此處介紹的是，如同餐廳會端出的料理那般處理得十分乾淨俐落，將羊大腿肉割開，剔除小腿骨以外的所有骨頭的修清方法。將刀子抵在骨頭上面滑動，像是要從骨頭上面將肉剝離似地剔除掉大腿骨。在切割開來的切面撒上各類香草或塗抹上大蒜泥，纏上棉繩重新收攏成原狀，進行烘烤（P.62～63）。

[**Before**]

尾骶骨

小腿骨
（脛骨）

大腿骨

髖骨

→

[**After**]

割除尾骶骨

1 從切面處下刀，在尾骶骨邊緣劃入刀子，割開骨頭上面連著的肉。割開的時候刀刃不劃向腿肉，一直抵著骨頭，就能夠平整地剔除骨頭。

割除髖骨

2 從切面處下刀，在髖骨邊緣劃入刀子，一步步割開連在髖骨上面的肉。

3 進一步將肉切割開來，直至露出髖骨的洞（連接坐骨神經的洞），接下來一邊用手拉這個洞一邊進行後續作業會比較容易操作。

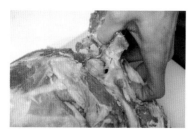

4 繼續割開髖骨上面的肉，就會露出髖骨與大腿骨之間的關節。

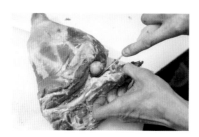

5 沿著關節入刀，割除髖骨與大腿處之間的軟骨。

6 接下來順著髖骨下刀，繼續將連在髖骨上面的肉割開。

7　割開到一定程度後，一手壓著肉，一手抓著髖骨將骨頭往反方向扳，剝離骨頭上的肉。

8　將髖骨切離。

修清大腿內部

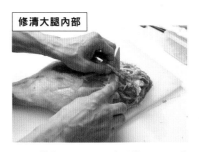

9　拉著分布在大腿內部的筋，用刀子將其割掉。

割除大腿骨

10　從步驟4露出的關節上方下刀，沿著大腿骨割開大腿內部的肉。

11　正要把肉割開到大腿骨與小腿骨（脛骨）的關節處。

12　在大腿骨的邊緣下刀，一步步地割開連在大腿骨上面的肉。

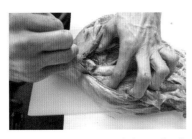

13　割開到看得見大腿骨與小腿骨的關節處。

14　抓著大腿骨並稍微往上提，割開大腿骨下面連著的肉。

15　抬高大腿骨，將刀子劃入大腿骨與小腿骨之間的關節連接處，繼續割開軟骨。

16　持續割開軟骨，已經可以看到大腿骨的邊緣。

17　進一步切割，將大腿骨與小腿骨完全割開來。

剔除大腿肉中的筋

18　拉起腿肉與腿肉之間的筋，用刀子把肉上面的筋割除。

部位分割

技術指導／近谷雄一（OBIETTIVO）

一般較為普遍的作法是採購進貨時就已經先按部位分割好的羊肉，但若是採購半隻羊，就能夠運用到根據以往分割方法所無法購得的珍貴部位。此處邀來身為OBIETTIVO集團總料理長，店內定期從北海道採購半隻羊的近谷主廚，為我們指導羊隻部位分割的方法。順帶一提，近谷主廚所採購的羊肉貨源皆來自於白糠町知名生產者，酒井伸吾先生的「羊まるごと研究所」。此處示範教學使用的是「薩福克羊（Suffolk）×切維奧特羊（Cheviot）×泰瑟爾羊（Texel）」品種改良而成的月齡10個月大小的公羊。半隻羊全長約90cm，連同骨頭在內的重量為17kg。屠宰的時期在12月，所以身上會根據寒冷程度而囤積上厚厚的脂肪層。羊腿肉像這樣充分鼓起的羊隻，整體也會較為肥美。肉品以營業用冰箱進行保存。若以紗布巾包裹會產生生肉悶著的味道，所以在不包覆任何東西的狀態下，擺放於通氣性良好的網架等處，並且每天上下翻面。分割成較大的部位，並且在帶骨的狀態下進行保存，能夠增加存放天數與提高可用率。

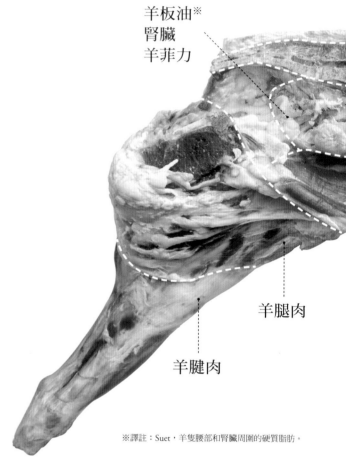

羊板油※
腎臟
羊菲力

羊腿肉

羊腱肉

※譯註：Suet，羊隻腰部和腎臟周圍的硬質脂肪。

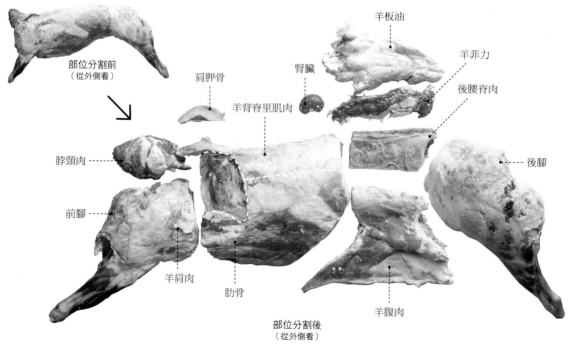

部位分割前
（從外側看）

肩胛骨

羊背脊里肌肉

腎臟

羊板油

羊菲力

後腰脊肉

後腳

脖頸肉

前腳

羊肩肉

肋骨

羊腹肉

部位分割後
（從外側看）

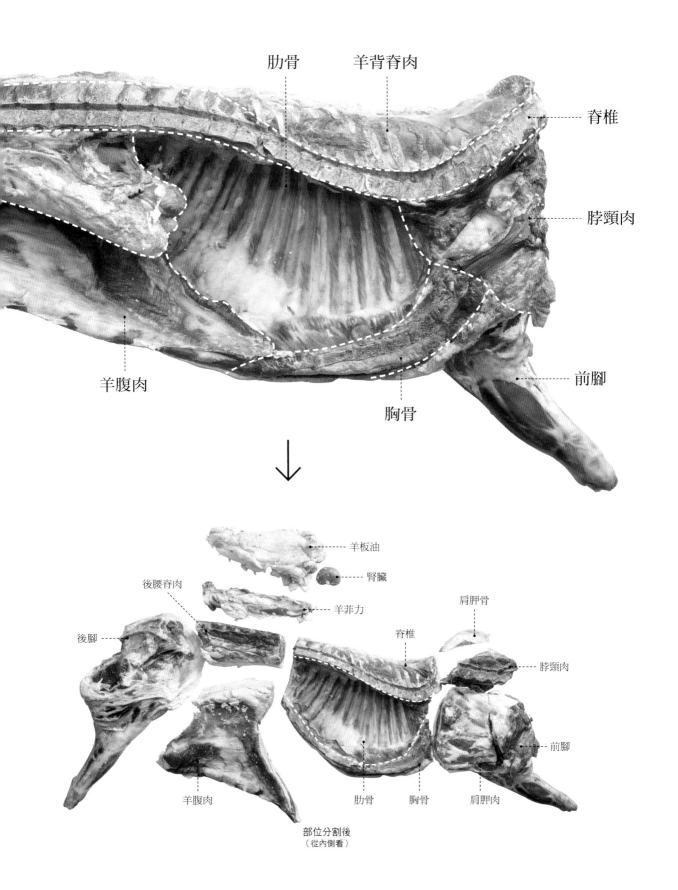

肋骨　　羊背脊肉

脊椎

脖頸肉

前腳

羊腹肉

胸骨

羊板油

腎臟

後腰脊肉

羊菲力

肩胛骨

後腳

脊椎

脖頸肉

前腳

羊腹肉

肋骨　　胸骨　　肩胛肉

部位分割後
（從內側看）

取出腎臟與羊板油

腎臟

一般都帶有阿摩尼亞味道，但酒井先生飼養的羊，其腎臟雖然同樣也多多少少帶這種味道，但不會太過濃烈，味道顯得潔淨。

羊板油

包裹在腎臟外面的脂肪團。通常有著相當強烈的味道，不過酒井先生所飼養的羊隻脂肪和腎臟一樣，都有著相當潔淨的味道。

1 脂肪一面朝下，讓背脊骨一側靠近自己，在背脊骨與羊板油之間下刀，從背脊骨上面割下羊板油。

2 拉著羊板油，將羊板油從羊的軀幹上剝離。遇到不好剝開的地方，可以用刀尖劃開剝不開的地方。

3 腎臟被包裹在羊板油裡面。用手指剝開羊板油，用刀子割開將脂肪和腎臟連接在一起的筋，從脂肪中取出腎臟。

切下羊菲力

羊菲力

位於背脊骨的正下方。外型細長且肉量較少，帶著較粗與較細的兩條筋。烹調時稍微加熱即可。

1 羊菲力位於羊板油下方。先將刀子劃入羊菲力與背脊骨之間，一點一點地割開。

2 由於靠近臀側的羊菲力末端連著大腿肉內部深處，為了完整地割下羊菲力末端，先把羊腹肉切下來，這麼一來就會比較好切下羊菲力。

3 將羊腹肉從大腿肉上割開來的樣子。這樣一來大腿根部就會顯露出來，也更容易看清羊菲力末端。

4 從對面看向步驟3時，可以清楚看到將覆蓋在大腿肉上的羊腹肉割開來的狀況。

5 在羊菲力與背脊骨之間下刀，將羊菲力從背脊骨上面切下來。

6 靠近臀側的羊菲力末端分成了兩束，連向大腿肉內部。順著羊菲力下刀，慢慢地割開大腿肉，將羊菲力從大腿肉中挑出來。

7 仔細地分辨連向大腿骨下方的羊菲力末端，將其切割出來。

8 從羊的軀幹上面切下來的羊菲力。表面覆蓋了一層內臟脂肪。

9 拉起內臟脂肪，割開將脂肪與羊菲力連接在一起的筋，讓羊菲力顯露出來。

10 已經大致可以看到脂肪層下的羊菲力。

11 去掉脂肪之後的羊菲力，會呈現出像這樣粗大肌肉與細小肌肉兩條肌肉相連在一起的樣子。

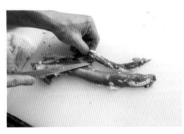

12 將這兩條肌肉割分開來。

13 修清每條肌肉，將上面脂肪仔細剔除乾淨。

14 用手拉著薄膜或脂肪的同時，用打橫的刀子割開，整體剔除乾淨。

將軀幹切成兩半

為了更便於部位分割，在肋骨與腿肉之間下刀，將整體切成兩半。

1 「切下羊菲力」步驟2～4之間割開來的羊腹肉另一邊（脖頸側），和肋骨連接在一起。從這裡開始分割。

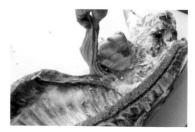

2 順著肋骨將羊腹肉切開。

3 從對面看向步驟2的樣子。將羊腹肉切開到這個程度時，改從最靠近臀側的肋骨關節處下刀，切開背脊骨。

4 切開關節的時候，反手握刀，在背脊骨之間的軟骨部分下刀，一點一點切開。

5 背脊骨切開一半後，繼續順著切向背脊骨與步驟1～3切開處之間的肉。

6 垂直向下切開背脊骨。如此一來，羊的軀幹就能夠分割成兩半。

7 肋骨一側的切面。肋骨下面看得到的一整塊瘦肉就是羊背脊肉。

切下後腰脊肉與羊腹肉

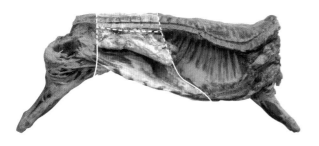

後腰脊肉

羊背肉之中，連接著肋骨並大多作為帶骨小羔羊排使用的部分是羊背脊里肌肉，而餘下的羊背部位就是羊後腰脊肉。由於這是一個不太會活動到的部位，所以肉質相當柔嫩且優質。

※左鞍下肉。右背骨。

羊腹肉

位於肋骨與腿肉之間的肉。脂肪含量多，適合用在製作成培根等用途。

1 左頁分切軀幹所切下來的羊臀側軀幹。在P.102「切下羊菲力」步驟2～3大腿肉與羊腹肉之間的切開處延伸至背脊骨關節的地方下刀，切開背脊關節。

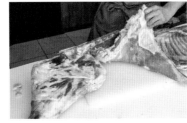

2 在羊腹肉與大腿肉之間下刀，將肉割開至背脊骨關節處。

3 步驟2割開來的羊腹肉到背脊骨之間有著後腰脊肉。而要切下後腰脊肉，就要先在羊腹肉與後腰脊肉之間下刀，將羊腹肉切下來。

4 下刀切下羊腹肉，留意不要劃傷後腰脊肉。

5 後腰脊肉靠近臀側的部分連接著大腿肉。切開兩者交界處後，順延著切開背脊骨關節。

6 背脊骨朝下擺放。在背脊骨垂直向上延伸出來的骨頭邊緣處下刀，將後腰脊肉從背脊骨上面切開來。

7 順著步驟6割開的部分繼續往下切，切的時候將刀子貼在背脊骨上面滑動刀身，將後腰脊肉從背脊骨上面完整切割下來。

8 後腰脊肉切離背脊骨的狀態。

9 切開連在後腰脊肉與背脊骨之間的脂肪。

切下脖頸肉

裏側　　　外側

脖頸肉

由於這是一個會經常活動到的部位，所以肉質顯得稍微硬一點，但同時卻也有著較為濃郁的鮮甜美味。可以善用其本身的特色風味，用來烹調成燉煮料理或是充分加熱炙烤。

1 脂肪一側朝下並且讓背脊骨朝向自己擺放。先在脖頸肉與肋骨之間下刀，將脖頸肉割開來。

2 照片中手指與刀子之間所標示出來的部分是羊肩胛肉，這個部分再往前靠近頭部一側就是脖頸肉。在脖頸肉與肩胛肉的交界處下刀。

3 步驟1切割到刀子抵到背脊骨時，用刀尖一點一點插進步驟2說明的骨頭與骨頭之間的關節處，切開軟骨。

4 切開關節的途中，先在背脊骨上側肉的部分劃入刀痕，再接著切開關節並連向刀痕處。

5 在脖頸與肩胛的交接處下刀並將其切割開來的樣子。

6 沿著步驟5切開的脖頸部位，進一步把脖頸肉切下來。

7 切下來的樣子。

切下前腳與後腳

在前腳與肋骨之間下刀進行分割。前腳的肉有一部分位在肋骨上面，只要割開羊腳分布在肋骨上面的肉再進行分切，就能夠漂亮地分割下來。

1 從羊臀側的軀幹上面切下羊腹肉。將脂肪一側向上擺放，在前腳與羊腹肉之間下刀進行分割。

2 切開到看得到後腳根部關節處後，將羊腳往上扳折，接著割開羊腳與軀幹之間的交接處。

3 提起關節，進一步將其割開。

4 進一步割開來的樣子。切割到這個程度時，將肉上下翻面，沿著整個大腿肉的邊緣下刀切下後腳。

5 將頭頸側軀幹的羊腹部位朝向自己擺放，從表面一側割開前腳。

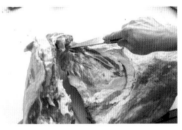

6 提起前腳，割斷軀幹與前腳之間相連的筋。

7 從切下步驟6的切面可以隱約看見肩胛骨，在肩胛骨上下兩面劃入刀子，割開與肩胛骨相連的肉。

8 拔出肩胛骨。

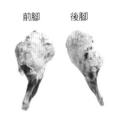

前腳　　後腳

不論是前腳還是後腳，膝蓋以下都歸類於羊腱肉。後腳膝關節以上是大腿肉，膝關節以下是羊腱肉，以這樣的分類流通於市面上。

切下羊背脊里肌肉

羊背脊里肌肉

位在背脊骨下方、肋骨裏側的肉。靠近肩膀一側的較細，周邊分布著脂肪與其他部分的肉，肉質柔嫩且風味富含深度。背脊肉越靠近羊臀一側會漸顯粗大，肉質也會連帶變得比較硬。

1 肋骨上面連接著一大塊肉，將背脊骨部分朝向自己擺放。用刀子抵在背脊骨的邊緣，割開肋脊皮蓋肉與背脊骨相連之處。

2 遇到筋的時候，將其切掉。

3 拉起肋脊皮蓋肉，進一步割開肋脊皮蓋肉。

4 將肋脊皮蓋肉割開到羊腹肉一側的樣子。

5 割開的肋脊皮蓋肉暫時先擺放回原位，改從羊肩側下刀，將背脊肉從軀幹上面切下來。

6 只要再稍微動刀就能將羊背脊里肌肉完全切下來的樣子。

7 剩下來的是肋脊皮蓋肉與肋骨相連的軀幹部分。

肋骨排

背脊里肌肉多半都會連著肋骨一起進行分切，但如果單獨將肉切下來，就能夠在維持肋骨長度的狀態下切出肋骨排（長條肋骨）。連同骨頭一起分切，裹上一些辛香料進行烹烤，不但能物盡其用還十分地美味。（P.82「橙香辣味羊肋排」）。

切下脖頸肉、羊腱肉、上後腰脊肉

脖頸肉

接近肩胛骨上方，是一個有著濃郁鮮甜味道的部位。

羊腱肉

後腳的羊腱肉。避開筋與脂肪割下來。

羊臀肉

尾骶骨附近的肉。肉質柔嫩且味道十分具有深度。

1 從P.106「切下脖頸肉」所切下來的脖頸肉上面，進一步用刀子切下靠近肩胛骨上側特別具有濃郁鮮甜味道的部分。

2 切下的刀子抵到骨頭時，使用砍骨刀連同骨頭一起切下去。調理時，連同骨頭一起烹烤。

3 從前腳的羊蹄側開始割下羊腱肉。割下來的肉可以整塊進行烹烤。

4 切下連接後腰脊肉的臀肉部位（牛肉會稱為上後腰脊肉或後腰臀肉）。這是一個能夠同時享用到羊肉與脂肪兩種鮮甜滋味的可口部位。

5 切下步驟4後，繼續沿著臀肉尾骶骨下方下刀，割開與尾骶骨相連的肉。

6 切下尾骶骨下方的肉。這個部位是羊臀肉。

7 切下來的樣子。

8 上面有一層肥厚的脂肪，將脂肪的部分朝下擺放，抓著肉的部分，將肉上面的脂肪切除。切除脂肪的羊臀肉與步驟2、步驟3切下的肉用於「烤羊肉拼盤」（P.46）的料理中。

羊×日本酒

解說／前田 朋（酒坊主）

推薦搭配的酒類清一色都是日本酒與手工精釀啤酒（Craft beer）。以別出心裁的下酒菜而大受歡迎的「酒坊主」，在熱愛羊肉的店主的巧思下，供應著品項齊全且十分適合佐搭日本酒享用的羊肉下酒菜。在此以配對享用的觀點，向大家介紹日本酒與羊肉意外對味的優點所在。

薄切溫羊肉生肉片
×
日置桜 八割搗き雄町濁り酒

這一款日本酒裡充斥著雄町酒米風情、濁酒本色十足的濃郁甘醇風味，能夠更好地從味道清爽的後腰脊肉裡烘托出羊肉本身的可口風味。

醃漬菜風味小羔羊肉玉子燒
×
小笹屋 竹鶴 生酛純米原酒 無濾過 木桶釀造

醃漬入味的醃漬蔬菜與煎雞蛋的香氣，十分適合搭配帶有熟成感、酸味、茶香韻味的酒款。加水溫酒之後搭配著一同享用也相當不錯。

小羊肉豆腐湯
×
丹沢山 阿波山田錦 純米65 火入

吸收了鰹魚高湯與羊肉高湯且味道十分有深度的羊肉豆腐湯，適合佐搭有著圓潤酸味與甘醇風味，味道又不會過烈的清冽純米日本酒。

番茄奶油醬燉小羊肉丸
×
竹鶴 生酛純米

切成粗肉丁狀的風味濃郁羊肉丸搭配上了番茄的酸味，而這股酸味與力道十足而充滿分量感的原酒尤為對味。加水溫酒之後再品飲也很不錯。

酥炸小羊心
×
醉右衛門 備前雄町70%精米 無濾過熟成純米酒

這一款日本酒的酸味十分突出，和油炸料理、哈里薩辣醬、萬願寺甜辣椒都相當對味。個人覺得這一款酒和羊心也非常合拍。

香炒小羊Spicy冬粉
×
諏訪泉 満天星 純米吟釀原酒

帶著辣味並且充分吸收了鮮味湯汁的冬粉，十分適合佐搭這款富含強烈甘醇清甜滋味的原酒。將酒溫熱以強調那股熟成感也很不錯。

小羊肉片佐醋味噌
×
生酛 玉榮 生酛純米酒

用添加烏醋調合的醋味噌烹調而成的涼拌羊肉料理，適合搭配風味清冽的純米酒。帶著熟成感風味的同時，也帶上了一股清爽之感。

小羔羊粗肉丁漢堡排
×
悅 凱陣 無濾過純米酒

帶著明顯的甘醇風味與酸味而味道濃烈的無濾過※純米酒，搭配羊脂風味、煎羊肉濃郁香氣的漢堡排一同享用，更顯清爽。

※譯註：未經活性碳過濾色素與多餘雜質的日本酒。

嫩燉小羊舌佐香菜薄荷綠醬與優格
×
隆 2000年度釀造純米吟釀 美山錦瓶火入

吟釀酒所帶著的些許熟成感與香氣，能夠更好地帶出羊舌的香氣、香草醬汁、優格的風味，為整體帶來一抹亮點。

羊絞肉Curry
×
梅津の生酛 生酛原酒

乳酸所令人感受到的清爽之感，能夠更好地帶出辛香料的香氣與羊肉的濃郁風味。由於具有酸味，味道也較濃烈，所以可加水2～3成再行溫酒。

燉煮 ［第3章］

燜燒小羔羊腿

BOLT

連同骨頭一起進行熬煮的羊前腳小腿，搭配上僅有醬汁的簡潔擺盤，相當引人注目。花上許多時間細細燉煮入味的味道極富深度，著實令人印象深刻。這道菜正是店內的招牌菜。

[**食譜**→ P.114]

—

慢火細燉
小羔羊腱肉

Hiroya

連同羊骨一起熬煮，將羊腱肉燉煮得
多汁軟嫩。完成前再加進油炸茄子攪
打成的茄子泥增添滑稠口感。擺上長
蔥與蘆筍，以檸檬汁增添香氣，讓味
道容易顯得濃郁厚重的燉煮料理變得
清爽起來。　[**食譜→ P.115**]

SAKE & CRAFT BEER BAR

—

番茄奶油醬
燉小羊肉丸

酒坊主

將羊肉切成略大一點的丁狀，再揉捏
成相當富有嚼勁的肉丸子，再以番茄
與液狀鮮奶油進行燉煮。光是這吸收
了羊肉香氣的番茄醬汁，都能夠成為
相當美味的下酒菜。

[**食譜→ P.115**]

燜燒小羔羊腿

BOLT

［約 10 人分］

帶骨小羔羊腱肉（前腳）…10隻
鹽巴、胡椒…各適量
大蒜粉…適量
胡蘿蔔…1根
洋蔥…2顆
西洋芹…2根
大蒜…1/2顆
紅酒（醃泡用）…3L
紅酒（燉煮用）…1L
前一次的燉肉高湯…1L
孜然粉、香菜粉…各適量
紅砂糖…各適量
鹽巴、胡椒、黑七味粉…各適量

1 在帶骨羊腱肉上面抹上鹽巴與胡椒、香菜粉，醃漬一晚。

2 將肉並排在調理盤上，加入大致切碎的胡蘿蔔與洋蔥、西洋芹、大蒜，以及醃泡用的紅酒，直接這樣醃泡一晚。

3 將肉取出，用倒好油（分量外）的平底鍋香煎至表面金黃上色。

4 過濾醃泡汁，將香味蔬菜瀝去水分後拌炒。

5 步驟3擺放進大鍋之中，倒入步驟4的蔬菜與醃泡汁、燉煮用紅酒。也加入前一次的燉肉高湯（首次製作的話，可用小牛高湯與羊骨濃縮肉汁替代）。開火煮沸以後撈除浮沫，蓋上鍋蓋轉為小火。這樣半蒸半煮4個小時，直到將肉燉煮到十分軟嫩，但又不會過於軟爛到羊腱肉脫離小腿骨的程度。離火，讓羊肉浸泡在燉煮高湯的狀態中放涼，放進冷藏室中靜置一晚。

6 隔天，剔除凝固在燉煮高湯上面的脂肪，將肉取出並過濾燉煮高湯。香味蔬菜用手持式攪拌機攪打成泥狀，以篩子過濾。

7 將步驟6的燉煮高湯熬煮至收汁，調整濃稠度與味道（有需要時可酌加紅砂糖增添甜味）。接著加入步驟6的蔬菜泥，再稍微煮一下熬成醬汁。

8 將肉放回步驟7的鍋中，暫時加熱後保存起來。待收到顧客點餐後，取出一隻帶骨羊腱肉與醬汁盛放到小鍋中加熱。撒上鹽巴與胡椒、黑七味粉調整味道，盛放到淺碗容器之中，在肉上面撒上黑七味粉。

P.113

慢火細燉
小羔羊腱肉

Hiroya

［1 人分］

未斷奶羔羊腱肉（帶骨）⋯1隻
未斷奶羔羊骨濃縮肉汁（Jus）（P.68）⋯適量
大蒜（切成薄片）⋯適量
番茄（切成大塊狀）⋯適量
甜椒*⋯適量
油炸茄子（省略解說）⋯適量
蘆筍（切成易於食用的長度）⋯適量
長蔥（切成絲）⋯適量
鹽巴、檸檬汁、黑七味粉⋯各適量

✱灑上橄欖油後，以200℃的烤箱將甜椒表皮烤黑，
再剝去外皮。

1 平底鍋中倒油（分量外），將羊腱肉的表面香煎至金黃
上色。

2 步驟1放入燉煮用的鍋子裡面，加入未斷奶羔羊骨濃縮
肉汁煮滾。撈除浮沫，轉為小火讓鍋中維持在咕嘟咕嘟
冒泡的沸騰程度下，將肉燉煮至軟嫩。

3 平底鍋中倒油（分量外），放入大蒜拌炒至散發出香
氣。加入番茄稍微拌炒後，加進步驟2的鍋中。甜椒對
半分切成兩半並去掉種籽，也加進燉鍋裡面。接著繼續
熬煮約莫1個小時半。

4 剝除油炸茄子的皮，用果汁機攪打成泥狀。加進步驟3
裡面增添濃稠度，以鹽巴、檸檬汁與黑七味粉調整味
道。

5 蘆筍與長蔥快速過水汆燙。

6 將步驟4盛放到容器之中，擺放上步驟5。

P.113

番茄奶油醬
燉小羊肉丸

酒坊主

［4 人分］

小羔羊肩胛肉（生）⋯600g
A ｜ 鹽巴⋯6.6g
｜ 黑胡椒⋯適量
｜ 玉米澱粉⋯2小匙
大蒜（切成末）⋯1瓣
沙拉油⋯3大匙
洋蔥（切成薄絲）⋯1顆
去皮切丁番茄罐頭⋯1罐
水⋯600ml
馬蜂橙葉子*¹⋯6片
液狀鮮奶油（乳脂肪含量38%）⋯60ml
香菜、埃斯佩萊特辣椒粉（Piment d'Espelette）*²
（有的話）

✱1 英語為「Kaffir Lime Leaves」，泰語為「ใบมะกรูด（音似bai-
ma-grúd）」。將新鮮的葉子冷凍保存起來使用。
✱2 產自西班牙巴斯克自治區的乾燥紅辣椒粉。香氣芬芳，辣味
溫和。

1 羊肩胛肉分切成1～2cm的丁狀，加進材料A揉捏。放
入冷藏室中靜置1個小時以上。

2 用沙拉油翻炒大蒜，待散發出香氣以後，加進洋蔥，翻
炒至洋蔥邊緣變色成褐色。加入切丁番茄，翻炒至整體
融成一體。加水後煮至沸騰。

3 步驟1以80g為單位揉搓成圓球狀，放到步驟2裡面。
大約煮5分鐘後，翻動肉丸子再繼續煮5分鐘。整體快
速攪拌幾下，接著再煮5分鐘。

4 取出肉丸子，繼續將燉煮高湯熬煮至收汁。於熬煮期間
加入馬蜂橙葉子與液狀鮮奶油。將肉丸子放回鍋中，放
涼。

5 盛放到容器之中，擺上香菜並撒上埃斯佩萊特辣椒粉。

Cutturiddi
（砂鍋燉蔬菜小羔羊）

Osteria Dello Scudo

源自於義大利巴西利卡塔與普利亞地區
的樸素牧羊人料理。以前是把連同骨頭
一起切塊的羊肉、蔬菜放入無釉陶鍋
中，以大火熬煮。是復活節所必不可少
的美味料理。 [食譜 → P.118]

FRANCE

鹽煮花蛤小羔羊

BOLT

這道料理的靈感來自葡萄牙的蛤蜊燉豬肉料理。羊肩胛肉和蔬菜一起燉煮，再靜置一晚吸收湯汁。於上桌供應之前才加進醃漬檸檬與番紅花，為這道料理更添幾許清香。

[食譜→ P.119]

FRANCE

牛蒡高麗菜
燉羊肉

LE BOURGUIGNON

肋排燉煮到能夠輕易地將上面的肉從骨頭上咬下的軟嫩程度，牛蒡與高麗菜也慢慢地熬煮至熟軟。食材的各種鮮甜美味都滲進燉煮高湯之中，讓味道始終都帶著一種溫和的風味。

[食譜→ P.119]

Cutturiddi
（砂鍋燉蔬菜小羔羊）
Osteria Dello Scudo

燉煮用湯底
［易於製作的分量］
小羔羊肩胛肉、羊腱肉（帶骨）…800g
大蒜…1瓣
洋蔥…250g
胡蘿蔔…100g
西洋芹…100g
香草束（月桂葉、迷迭香、藥用鼠尾草、
　　百里香）*…各少許
白酒…300g
水…1L
鹽巴…適量

麵包版義大利小肉丸（Polpettine）
［易於製作的分量］
粗粒小麥粉（Semolino）麵包的內層
　　（白色部分）…70g
全蛋…40g
佩科里諾起司…30g
平葉巴西里…0.5g
鹽巴、胡椒…各適量

最後步驟
［1人分］
燉煮用湯底的肉…150g
燉煮用湯底的湯汁與蔬菜…300g
馬鈴薯…1顆
青菜（羽衣甘藍等）…50g
小番茄…適量
鹽巴、佩科里諾起司、橄欖油…各適量

＊事先用棉繩綑綁起來。

燉煮用湯底
1　在羊肩胛肉與羊腱肉上面抹上略多的鹽巴，放入冷藏室靜置一晚。

2　步驟1放入砂鍋（若無亦可用琺瑯鑄鐵鍋等替代）之中，放進壓碎的大蒜、大略切碎的洋蔥、胡蘿蔔、西洋芹、香草束，再倒入白酒與水。蓋上鍋蓋開小火，大約熬煮2個小時。

3　待羊腱肉燉煮至竹籤可以輕易戳入的軟嫩程度後，即可先將肉取出，剔除骨頭並將肉分切成易於食用的大小，再放回鍋中。

麵包版義大利小肉丸
1　麵包的內層細細撕碎，和其他材料一起混合均勻。揉搓成易於食用的大小，不裹粉直接油炸。

最後步驟
1　燉煮鍋中放入燉煮用湯底的肉、湯汁與蔬菜，加入切成一口大小的馬鈴薯與切成段的青菜，稍微熬煮。

2　加進小番茄與麵包版義大利小肉丸繼續稍微熬煮一下，使其充分入味。

3　用鹽巴調整味道，盛放到容器之中。撒上佩科里諾起司並撒上橄欖油。

P.117

鹽煮花蛤小羔羊
BOLT

[店內準備的供應量]

燉煮用湯底

小羔羊肩胛肉…1.5kg
鹽巴…約15g
大蒜…4瓣
A
├ 雞高湯（Fond de volaille）（P.77）…1L
│ 水…400ml
│ 羊骨濃縮肉汁（Jus d'agneau）
│ （P.77）…300ml
│ 百里香…1/3小包
│ 龍蒿（Estragon）…1/3小包
└ 白酒…500ml
胡蘿蔔…2小根
白蘿蔔…長7cm的分量

最後步驟

鹽漬檸檬（Morocco，Aicha公司產）…1/6小顆
番紅花…1小撮
花蛤…8～12個

1 將羊肩胛肉與鹽巴、去掉皮膜的整瓣大蒜放進密封袋中，將鹽巴揉進肉中，放入冷藏室中靜置一晚。

2 取出後擦去表面的水分，用倒好油（分量外）的平底鍋香煎至表面微焦上色。

3 移入燉煮鍋中，加入材料A煮至沸騰，撈除浮沫並轉為小火，約莫熬煮3個小時。

4 削去胡蘿蔔與白蘿蔔的外皮，縱向切成2～4等分，削掉邊緣稜角。

5 步驟4加進步驟3裡面，接著熬煮3～4個小時。放涼以後，放入冷藏室中靜置一晚。

6 於供應前重新加熱之際，加入切成末的鹽漬檸檬、番紅花、吐過沙的花蛤。待花蛤的殼煮開之後，盛放到容器之中。

P.117

牛蒡高麗菜燉羊肉
LE BOURGUIGNON

[約4人分]

洋蔥（切成薄絲）…4個
牛蒡…1根
高麗菜1/2顆
小羔羊肋排…1.5kg
水…適量
鹽巴、胡椒、平葉巴西里…各適量

1 燉煮鍋中倒入橄欖油（分量外）熱鍋。放入洋蔥翻炒至呈現淺褐色。

2 牛蒡分切成5～6cm長，再縱向分切成4～6等分。高麗菜用手撕成大塊。

3 在骨頭與骨頭之間下刀，將肋排分切得較易於食用。撒上鹽巴、胡椒，放進倒入橄欖油（分量外）熱好鍋的平底鍋中，香煎至整體充分焦香上色。

4 步驟3加進步驟1的鍋中，加水至快要蓋過鍋中肋排。高麗菜也加入鍋中，以小火熬煮約1個小時，將肉燉煮至軟嫩可口。

5 撒上鹽巴與胡椒調整味道，盛放到容器之中。點綴上平葉巴西里。

Blanquette d'Agneau
（燉小羔羊肉佐白醬）
LE BOURGUIGNON

法國傳統羊肉料理。原本是將切成塊
狀的肉以奶油醬進行熬煮的樸素料
理。這裡改成將羊肉捲成圓形進行熬
煮，再淋上另外熬煮的奶油白醬，盛
放成餐廳風格十足的擺盤。

［食譜→ P.122 ］

—

Agnello brodettato

（白酒燉羊肉佐檸香蛋黃起司醬）

Osteria Dello Scudo

義大利中部與南部經常會在燉小羊料理中混入起司與蛋黃液，而這些料理的特色在於讓檸檬起到提味的作用。在裡面加入朝鮮薊與豆類，改良成十分具有餐廳風格的菜式。

［ 食譜→ P.123 ］

—

Scotch broth

（蘇格蘭大麥羊肉湯）

The Royal Scotsman

這一道將羊肉與大量的蔬菜一起熬煮的料理，是蘇格蘭的傳統湯品。其中最基本的烹調食譜是加入製作威士忌必不可少的大麥。熬煮出來的湯汁清澈，滋味卻十分具有深度。

［ 食譜→ P.123 ］

Blanquette d'Agneau
（燉小羔羊肉佐白醬）
LE BOURGUIGNON

在肉捲狀態下煮
到軟的小羔羊肉
在提供時，切成
一份重新加熱。

燉煮小羔羊

［12人分］

小羔羊肩胛肉⋯2kg

A
- 燜炒洋蔥*¹⋯適量
- 全蛋⋯適量
- 麵包粉⋯適量
- 鹽巴、胡椒⋯各適量

B
- 調味蔬菜（Mirepoix）*²
  ⋯下記註解全量
- 百里香⋯適量
- 月桂葉⋯適量
- 鹽巴、白胡椒⋯各適量

德國麵疙瘩（Spätzle）

全蛋⋯1顆
牛奶⋯20g
低筋麵粉⋯80g
鹽巴⋯3g
橄欖油⋯適量

香煎四季豆與菌菇

［1人分］

四季豆⋯適量
雞油菌⋯適量
管形雞油菌⋯適量
袖珍菇⋯適量
橄欖油、鹽巴、胡椒⋯各適量

醬汁

［12人分］

奶油⋯50g
低筋麵粉⋯50g
燉煮小羔羊的燉煮高湯*³⋯約1.8L
液狀鮮奶油（乳脂肪含量47%）
　⋯約200ml

＊1　順著洋蔥的纖維切成薄絲，放進已倒入橄欖油熱鍋的鍋中。稍微撒上鹽巴，用小火慢火燜炒，不停地拌炒以避免洋蔥變色直至洋蔥熟軟，取出後放涼。
＊2　胡蘿蔔1根、洋蔥2顆、西洋芹1根切成4等分，大蒜一顆切成兩半。放進已倒入橄欖油熱鍋的鍋中，以小火慢火燜炒至熟軟。
＊3　取出一部分加熱羊肉用的燉煮高湯後，將剩餘的燉煮高湯熬煮收汁至約1.8L。

燉煮小羔羊

1　羊肩胛肉劃入刀痕將肉攤開，較厚的部分斜向劃開，修整成相同的厚度。

2　將步驟1切下來的邊角肉絞成絞肉，加進材料A揉拌均勻。

3　將步驟1厚度均一的肉上面的筋切斷，用肉錘將肉錘打至厚約3cm。步驟1劃入刀痕的一面朝下擺放，在表面稍微撒上鹽巴與胡椒。步驟2鋪到上面作為餡料，用肉捲包起來。用棉繩綁起來。

4　步驟3放入鍋中，倒入足量的水。

德國麵疙瘩（Spätzle）

1　全蛋與牛奶混合均勻。低筋麵粉過篩進調理盆中，接著再將牛奶與蛋的混合液倒進調理盆中，以打蛋器攪拌均勻，加進鹽巴。改持橡皮刮刀，混拌至整體滑順且沒有結塊。

2　將麵糊倒入德國麵疙瘩專用工具裡面，讓麵糊滴落到沸騰的熱水裡面燙煮。

3　供應之前用橄欖油快速香煎一下。

香煎四季豆與菌菇

1　四季豆切成易於食用的長度，菌菇處理乾淨。

2　平底鍋中倒入橄欖油加熱，加進步驟1之後快速香煎一下。以鹽巴與胡椒調整味道。

醬汁

1　低筋麵粉加到軟化的奶油裡面混合均勻，製作成奶油麵粉糊（Beurre manie）。燉煮高湯加熱，將70～100g左右的奶油麵粉糊少量多次加進去，增添濃稠度。液狀鮮奶油同樣也少量多次加入，持續熬煮至整體出現濃稠感。

最後步驟

1　燉煮小羔羊切成厚度約2.5cm的片狀（1人分），用燉煮高湯加熱之後，盛放到盤子之中。淋上醬汁，於盤中附上德國麵疙瘩、香煎四季豆與菌菇。

P.121

Agnello brodettato
（白酒燉羊肉佐檸香蛋黃起司醬）

Osteria Dello Scudo

燉煮小羔羊
［2人分］
小羔羊肩胛肉（整塊）…500g
洋蔥（切成薄絲）…1/6個
義大利培根（Pancetta）（切成末）…30g
白酒…100g
小羔羊的肉汁清湯（Brodo）（省略解說）…250g
水…250g以上

A ┌ 蛋黃…4顆
　├ 佩科里諾起司…20g
　└ 檸檬皮與檸檬汁…1/4顆的分量

朝鮮薊…1/2個
橄欖油…適量
鹽巴…適量
蠶豆、豌豆、佩科里諾起司、
　墨角蘭（生）…各適量

1　羊肩胛肉切成大塊狀，撒上鹽巴靜置片刻備用。

2　鍋中倒入橄欖油熱鍋，放入步驟1香煎至表面些微金黃上色。

3　洋蔥與義大利培根放入鍋中一同拌炒。加入白酒，接著倒入小羔羊的肉汁清湯與水。稍微熬煮到竹籤可以直接戳進肉裡面的熟度。

4　與此同時，將材料A混合均勻備用。

5　朝鮮薊處理過後，切成易於食用的大小加到步驟3裡面，繼續將肉燉煮至熟軟。

6　要供應前，取步驟5置於鍋中熬煮收汁，煮到湯汁收乾之後關火，加入步驟4。用鍋鏟快速攪拌至整體出現濃稠感，攪拌期間需避免蛋黃凝固。若是過度加熱可能就無法製作出滑順感，這一點需要特別留意。

7　要盛盤之前，快速地汆燙蠶豆與豌豆，加進步驟6裡面混拌在一起。盛放到容器之中，隨意撒上佩科里諾起司與墨角蘭。

P.121

Scotch broth
（蘇格蘭大麥羊肉湯）

The Royal Scotsman

［約4人分］

小羔羊肩胛肉（帶骨）…200g
法國香草束（Bouquet garni）*…1束
洋蔥（切成1cm丁狀）…100～120g
西洋芹（切成1cm丁狀）…約80g
韭蔥（切成1cm丁狀）…250～300g
胡蘿蔔（切成1cm丁狀）…約60g
蕪菁（切成1cm丁狀）…100～120g
馬鈴薯（削去外皮，切成1cm丁狀）…200g
大麥片…50g
巴西里（切成末）…約2大匙
橄欖油、鹽巴、胡椒…各適量

＊將巴西里的莖與西洋芹的葉子一起用棉繩綑綁成束。

1　剔除羊肩胛肉上面多餘的脂肪。

2　在大一點的鍋中倒入足量的水（分量外）煮至沸騰。步驟1倒入鍋中快速汆燙1分鐘左右，用流水仔細清洗。倒掉鍋中的熱水，清洗鍋子。

3　鍋中倒入2L的水（分量外），加入步驟2的肉與法國香草束。煮沸之後撈除浮沫，用小火燉煮約莫2小時直至羊肉變得軟嫩。

4　將步驟3的肉從鍋中取出放涼，剔除肉之中的骨頭。熬肉湯汁以廚房紙巾等用品※進行過濾。分別放入冷藏室中靜置一晚。

5　取出步驟4的肉，切成一口大小。刮除凝固在熬肉湯汁表面的脂肪，用廚房紙巾等用品過濾成清澈的清湯狀態。

6　鍋中倒入橄欖油熱鍋，放入洋蔥拌炒至呈現透明狀，帶出洋蔥的甜味。接下來先加入西洋芹與韭蔥進行拌炒，再加入胡蘿蔔與蕪菁繼續翻炒。

7　步驟5的肉與熬肉湯汁加進鍋中，一邊燉煮一邊撈除浮沫。最後放入馬鈴薯，燉煮至蔬菜變得熟軟。

8　快要煮好之前加進大麥片與巴西里。待大麥片軟化後，以鹽巴與胡椒調整味道。

※譯註：將廚房紙巾或濾布鋪在濾網上面，接著倒入湯汁，藉此進行較細部的過濾。

MONGOLIA

蒙古蔬菜羊肉鍋
SHILINGOL

湯底使用的是以成羊熬煮出來的高湯。加進羊腿肉、羊肉臟、各種蔬菜與冬粉所烹調而成的，食材相當豐富的鍋料理。在湯裡加進了鹽漬韭菜花與自製辣椒油，讓整體味道顯得更加有深度。 ［食譜→ P.126］

CHINA

紅燜羊肉
（ラム肉と根菜の炒め煮）
羊香味坊

中國東北地區的鄉土料理，通常是用鐵鍋熬煮根莖類蔬菜乾與羊肉。像這樣用燜蒸的方式煮乾湯汁，讓羊肉與蔬菜完全吸收湯汁精華的烹調手法，就叫做「燜」。 ［食譜→ P.126］

—

羊湯
（羊のスープ）

羊香味坊

在熬煮過帶骨羊腳的高湯裡面，加入
蔬菜熬煮而成的湯品。在中國，羊肉
被認為是肉類之中最為能溫補身體的
食材，可以說是能讓身體由內而外整
個溫暖起來的溫熱湯品。

[**食譜→ P.127**]

—

羊筋湯

PAO Caravan Sarai

用成羊的羊筋熬煮出高湯的阿富汗當
地湯品。烹調前盡量割除羊筋上面的
瘦肉，以防止烹調時出現不必要的酸
味，並運用番茄與香味蔬菜簡單地襯
托出來自脂肪的鮮甜滋味。

[**食譜→ P.127**]

P.124

蒙古蔬菜羊肉鍋
SHILINGOL

P.124

紅燜羊肉
（ラム肉と根菜の炒め煮）
羊香味坊

［2～3人分］

馬鈴薯…1顆
寬粉（寬扁形狀的冬粉）…20g
成羊肝臟（半解凍）…60g
成羊腎臟（半解凍）…2個
成羊心臟（半解凍）…1個
成羊腿肉（半解凍）…150g
白菜（切成段狀）…2片
長蔥…適量
木耳（泡水回軟後切成一口大小）…5～6朵
生薑（切成絲）…1小塊
大蒜（切成末）…1瓣
　┌ 鹽巴…1小匙
　│ 砂糖…2小匙
A│ 自製辣椒油*¹…2大匙
　└ 濃口醬油…2大匙
內蒙古手把羊肉（P.192）的煮肉湯汁…300g
水…約700ml
韭菜花醬*²…1小匙
香菜（切成段）…1小撮

＊1　紅辣椒加到沙拉油（各適量）裡面，以70℃的油溫加熱大約30分鐘。移到耐熱容器之中，冷卻之後即可使用。
＊2　將鹽漬韭菜花的攪打成泥狀的中國調味料。這種調味料有著韭菜強烈的香氣與鮮甜滋味，搭配上鹹味，多用來作為鍋料理的調味料或作為沾醬的佐料使用。

1　馬鈴薯削去外皮，切成半圓形片狀，用沙拉油（分量外）油炸至金黃上色。冬粉用熱水泡開以後用水清洗。成羊的內臟與腿肉薄切成片狀。

2　甜甜圈狀的鍋中放入白菜、長蔥（取1枝切成末）、切成一口大小的木耳、步驟1的冬粉以及羊腿肉，在羊腿肉上面隨意撒上生薑與大蒜。

3　取另一只鍋子，倒入1大匙沙拉油（分量外）熱鍋，加進長蔥（取5cm切成末）與羊內臟，以中火拌炒至內臟的顏色變色。

4　步驟1的馬鈴薯加進步驟3裡面，快速拌炒。加進材料A混合，倒入內蒙古手把羊肉的煮肉湯汁之後煮至沸騰。

5　將步驟4與水倒入步驟2的鍋中，撒上長蔥（取5cm斜切成薄絲）。倒入韭菜花醬，以中火加熱至白菜熟軟後，隨意撒上香菜。

［4人分］

小羔羊前腳（或是羊肩胛肉）…500g
沙拉油…15g
長蔥（斜切）…1根
生薑（切片）…5g
豆瓣醬…30g
　┌ 八角…3粒
　│ 月桂葉…2片
　│ 肉桂棒…3g
　│ 孜然籽…2g
A│ 鷹爪辣椒…3根
　│ 紹興酒…20g
　│ 濃口醬油…20g
　│ 老抽（中國熟成濃醬油）*²…5g
　└ 冰糖…5g
水…500ml
胡蘿蔔（切滾刀塊）*¹…1根
玉米麵餅麵團、銀絲花卷的麵團（皆省略解說）…各適量

＊1　可用白蘿蔔代替。
＊2　亦可用一般熟成濃醬油代替。

1　小羔羊肉切成3～4cm丁狀。用水清洗之後，用瀝水網瀝去水分。

2　鍋中倒油熱鍋，加進長蔥與生薑拌炒。待拌炒出香氣之後，加進豆瓣醬，繼續拌炒至散發香氣。

3　步驟1加進鍋中拌炒2～3分鐘。加進材料A，加水至幾乎要淹過鍋中羊肉。煮至沸騰之後，加進胡蘿蔔。以小火熬煮30分鐘。

4　將步驟3適當分成幾等分，於供應前取適量放入鐵鍋之中，將搓圓壓扁的玉米麵餅麵團貼放到鍋邊，在鍋中食材上面擺上搓成麻花狀的銀絲花卷麵團。蓋上鍋蓋，一邊加熱步驟3，一邊將玉米麵餅與銀絲花卷煮熟。

P.125

羊湯
（羊のスープ）

羊香味坊

［約2人分］

手扒羊肉（P.193）的煮肉湯汁…200ml
蕪菁（或是白蘿蔔．切滾刀塊）…1個的分量
胡蘿蔔（切滾刀塊）…約5cm的分量
長蔥（切成蔥花）…3cm的分量
香菜（切成段）…適量

1　加熱手扒羊肉的煮肉湯汁，加進蕪菁與胡蘿蔔。煮熟以後，加入鹽巴（分量外）調整味道。

2　盛放到容器之中，撒上長蔥與香菜。

P.125

羊筋湯

PAO Caravan Sarai

［約6人分］

成羊羊筋…500g
水…2.2L
橄欖油…100ml
洋蔥（切成末）…2大顆
西洋芹（切成末）…1根
大蒜（切成末）…2瓣
純番茄泥（Tomato purée）…50ml
鹽巴、白胡椒…各適量

1　羊筋肉的部分盡量將肉割除，只使用羊筋的部分。和水一起放入鍋中，開火煮至沸騰後，撈除浮沫，改轉為小火燉煮4個小時。放涼之後取出羊筋，切碎成粗末。湯汁置於一旁備用。

2　在另一只鍋中倒入橄欖油，加入洋蔥拌炒至呈現淺褐色。加進西洋芹與大蒜拌炒，接著加進純番茄泥熬煮直至湯汁略為收汁。

3　步驟1的羊筋加進湯中，以小火煨煮約莫30分鐘。

4　以鹽巴與胡椒調整味道，盛放於容器之中。撒上香菜。

法式燉羊肉（Navarin）
LE BOURGUIGNON

原本是使用羊肩肉與蔬菜下去燉煮，
整體相當樸素的法國傳統料理。在此
改成僅使用羊肉燉煮，再附上香煎好
的蔬菜。香氣與味道的烹調重點取決
於除去多少羊脂。

［4人分］

小羔羊肩胛肉…670g
橄欖油…適量
A
┌ 胡蘿蔔（切成末）…1/2根的分量
│ 洋蔥（切成末）…1/2顆的分量
│ 鹽巴…適量
└ 水…600ml
白酒…約30ml
去皮整顆番茄罐頭
　（用篩子壓碎過濾）…400g
B
┌ 水…600ml
│ 匈牙利紅椒粉…0.5g
│ 四香粉…0.5g
└ 咖哩粉（S＆B紅罐）…2g
C
┌ 月桂葉…1片
└ 百里香…1～2枝

鹽巴、胡椒、高筋麵粉…各適量
以水溶開的日本太白粉、奶油…各適量
配菜
　（香煎甜豆、香煎填入燜炒洋蔥，P.91的
　　紅萬願寺甜辣椒、香煎厚片狀櫛瓜與茄子、
　　豌豆嫩葉＊）…各適量

＊趁嫩時摘取下來的豌豆腋芽。

1 羊肉上面的脂肪太多時，需將脂肪削切掉。但脂肪削切太多又會減損香氣與鮮甜程度，所以脂肪最好如照片這般留有恰好的厚度。

2 厚底鍋中倒入橄欖油，加入材料 **A** 以小火慢火拌炒。待蔬菜炒至上色之後，頻繁地進行拌炒，將附著在鍋內的蔬菜鮮甜成分也拌入鍋中。

3 羊肉上面撒上鹽巴與胡椒，並抹上薄薄一層高筋麵粉，放進已事先倒入橄欖油熱鍋的平底鍋中，從脂肪一面開始將肉煎得焦香。

4 待整體都煎得焦香上色之後，自鍋中取出，倒掉鍋中的油脂。

5 在步驟4中倒入白酒，將附著在鍋內的鮮甜成分溶入白酒之中，過濾之後倒入步驟2的鍋子裡面，再將去皮整顆番茄與煎好的肉也加進鍋中。

6 材料 **B** 依序加入鍋中混合，將附著在鍋內的鮮甜成分刮下，溶進燉煮汁中。煮至沸騰之後，撈除浮沫。

7 材料 **C** 加進鍋中，蓋上鍋蓋，放入200℃的烤箱烘烤大約1個小時。期間，大約在20～30分鐘的時候，整體攪拌一次。

8 供應前重新加熱，依序加入以水溶開的日本太白粉與奶油，增加整體濃稠度。撒上現磨胡椒以後盛盤，添附上配菜。

—

羊肉蔬菜古斯米

Enrique Marruecos

用粗粒小麥粉搓揉成小顆粒狀的古斯
米（Couscous），也可以說是世界上
最早出現的一種義大利麵。道地的作
法是用烹煮帶骨肉類與蔬菜的同時，
利用熬煮出來的蒸氣，蒸煮古斯米。
於享用之前淋上足量的燉煮湯汁。

[易於製作的份量（古斯米500g的分量）]

燉煮湯汁

小羔羊肩胛里肌肉（一整塊）*1…1kg
洋蔥（切成薄絲）…400g
鹽巴…1小匙＋約莫1小匙
去皮整顆番茄罐頭（切成大塊狀）…200g

A
┌ 薑粉…2小匙
│ 薑黃粉…2小匙
└ 黑胡椒粉…1/4小匙

香菜與平葉巴西里的法國香草束*2…1束
蕪菁…3個
胡蘿蔔…2根
櫛瓜…1根
南瓜…1/4顆
高麗菜（切成大塊狀）…1/8顆的分量
橄欖油…適量
水…3L

古斯米（Couscous）

古斯米（中顆粒）…500g
水…適量
橄欖油…適量
奶油…10g
鹽巴…1～2小匙

＊1 使用帶骨的大塊肉，就能夠烹煮出更加道地的味道。
＊2 香菜與平葉巴西里各取數根，放在一起用棉繩綑綁成束。

古斯米專用蒸鍋是一種將底部開了洞的蒸籠器具，與燉煮鍋疊放在一起組合使用的摩洛哥烹調用具。下層的燉煮鍋用來烹煮肉與蔬菜，再利用烹煮時散發出來的蒸氣，炊煮疊放在上層蒸籠器具內的古斯米。蒸煮期間不蓋上鍋蓋。

1 將肉切成5cm丁狀。古斯米專用蒸鍋下層的燉煮鍋中倒入橄欖油，開大火，把肉放入鍋中香煎至整體表面焦香上色。

2 香煎到肉的表面整體均勻上色之後，加進洋蔥與鹽巴（1小匙），自底部向上翻動，整體翻炒均勻。待洋蔥熟軟以後，倒入去皮整顆番茄接著繼續拌炒至整體入味，加進材料A混拌均勻。倒入水並放入法國香草束，煮至沸騰（a）。

3 古斯米放入略大一點的調理盆中，一邊少量加水一邊用手攪拌均勻，靜置5分鐘使其充分吸飽水分。在面臨「若再繼續加水，古斯米不但不會再吸水，反而還會讓古斯米泡在水裡」的狀況之前停止加水。加水時要按照古斯米的狀態調整加水的量，必須特別留意的是，若是水加得太多，會導致古斯米變得軟爛。仔細地翻鬆古斯米後，移入古斯米專用蒸鍋上層的蒸籠器具內。

4 步驟3的蒸籠器具擺放到步驟2的燉煮鍋上，利用熬煮湯汁的蒸氣蒸煮20分鐘左右（第一次蒸煮）。

5 蒸煮期間，分切蔬菜。蕪菁、胡蘿蔔、櫛瓜分別縱向切成4等分，並削掉邊緣稜角。南瓜切成厚度約1～2cm的扇形塊狀，接著再削掉邊緣稜角。

6 取出古斯米移到調理盆中，一邊少量加入100～150ml的水，一邊用橡皮刮刀快速混拌均勻，翻鬆古斯米的同時使其吸收水分。大致淋上一圈橄欖油，加進奶油並整體混拌均勻。加入鹽巴，用手將古斯米撥散開來，讓古斯米變成一粒一粒鬆散的狀態，倒回古斯米專用蒸鍋上層的蒸籠器具內。

7 接著蒸煮20分鐘（第二次蒸煮），再加入大約100ml的水混合均勻。淺嚐味道再以鹽巴調整味道，將古斯米撥鬆以後，倒回古斯米專用蒸鍋上層的蒸籠器具內，接著繼續蒸煮20分鐘（第三次蒸煮）。與此同時，在下層的燉煮鍋中加進高麗菜熬煮，並在快要煮好的10分鐘之前將其他的蔬菜也加進去烹煮。煮到肉變得軟嫩且蔬菜也熟透以後，即烹煮完成（b）。加進鹽巴（約1小匙）調整燉煮湯汁的味道。

8 古斯米倒入調理盆中仔細地撥鬆散後，盛放到容器之中，將肉舀到古斯米上面，淋上燉煮湯汁（c）。接著將蔬菜呈放射狀擺放到肉與古斯米上面（d），最後再次淋上燉煮湯汁。剩餘的燉煮湯汁盛放到小一點的容器之中，供顧客依個人喜好添加享用。

MOROCCO
—

卡利亞羊肉塔吉鍋

Enrique Marruecos

來自摩洛哥南部沙漠地區的鄉土料理。使用能利用食材本身的水分進行燜煮的一種名為「塔吉鍋」的砂鍋來烹煮。用番茄燉煮羊肉，完成前在上面打上一顆雞蛋。當地人會用一種稱為「Khubz」的扁平狀麵包沾取熬煮出來的醬汁享用。

［2人分］

A ┌ 橄欖油…1大匙
  │ 大蒜（切成末）…1/2小匙
  │ 洋蔥（切成末）…100g
  │ 去皮整顆番茄罐頭（切成大塊狀）…150g
  │ 番茄糊…5g
  │ 孜然粉…1小匙
  │ 匈牙利紅椒粉…1小匙
  │ 鹽巴…1/2小匙
  └ 小羔羊肩胛里肌肉（一整塊切成1cm丁狀）…200g
  雞蛋…1顆
  鹽巴、香菜（切成末）、麵包…各適量

1　材料 A 自橄欖油開始按順序擺放到塔吉鍋（直徑
　　20cm）裡面，蓋上鍋蓋用小火進行燜煮（b）。

2　燜煮至洋蔥與番茄出水以後，用湯匙翻動，讓肉和蔬菜
　　混合均勻（c）。

3　蓋上鍋蓋，用小火接著將其燜煮至羊肉變得軟嫩、洋蔥
　　與番茄呈現濃稠的醬汁狀。燜煮期間數次整體攪拌均
　　勻。若出現快要燒焦的狀況，需加水補足，若出現湯汁
　　快要溢出鍋子，則稍微錯開鍋蓋留下空隙，蒸散水分。

4　用鹽巴調整味道後，打上一顆雞蛋。隨意撒上香菜並蓋
　　上鍋蓋（d）。待雞蛋燜煮至半熟後，附上麵包一起做
　　供應。

馬薩拉油封小羔羊
佐羊脂肉汁香料馬鈴薯花椰菜
附香菜與野生芝麻菜

Erick South Masala Diner

將馬鈴薯與花椰菜和小羔羊肉一起燉煮，是印度巴基斯坦的家常料理。在這裡，試著改將羊肉以油封的方式調理，並且將蔬菜烹煮成泥狀，烹調成現代印第安風格的料理。

［食譜→ P.134］

MOROCCO

梅乾羊肉塔吉鍋

Enrique Marruecos

這一道在主要食材方面不使用蔬菜，
而是只使用羊肉與梅乾的塔吉料理，
是摩洛哥當地在結婚宴客或招待賓客
時，會端上桌的款待料理。洋蔥與梅
乾的甘甜滋味讓整體更添款待之感。

［ **食譜→** P.23 ］

ITALIA

Agnello aggrassato con patate

（豬油炒小羊肉 阿格拉薩托）

Osteria Dello Scudo

用較多的油脂烹煮小羊與馬鈴薯的燉
煮料理。這道料理有很多種版本，有
的版本會改使用橄欖油、以茴香增添
香氣，有的甚至還會加醋製作成具有
酸甜滋味的口味。 ［ **食譜→** P.23 ］

馬薩拉油封小羔羊
佐羊脂肉汁香料馬鈴薯花椰菜
附香菜與野生芝麻菜

Erick South Masala Diner

［易於製作的分量］

馬薩拉油封小羔羊

A
- 鹽巴…6g
- 砂糖…3g
- 自製印度香料粉（Meat masala）（省略解說）…15g
- 酥油…15g

沙拉油…適量
小羔羊肩胛肉…500g

B
- 大蒜（壓碎）…12g
- 百里香…5枝
- 月桂葉…3片

香料馬鈴薯花椰菜

馬鈴薯…200g
羅馬花椰菜…100g
沙拉油…15g

A
- 洋蔥（切成末）…50g
- 生薑（切成末）…5g
- 綠辣椒（生・切成末）…2g
- 咖哩葉（curry leaves）…2g

馬薩拉油封小羔羊的肉汁與羊脂…適量

B
- 香菜（切成末）…3g
- 檸檬汁…5g
- 顆粒芥末醬…10g

沙拉

香菜、野生芝麻菜…各適量
柳橙（果肉）…適量
油醋醬（省略解說）…適量

番茄酸辣醬（Tomato chutney）、綠咖哩醬（P.178）、
五香辣椒粉與孜然粉…各適量

馬薩拉油封小羔羊

1　材料A混合在一起，一邊加入少許沙拉油一邊攪拌成糊狀。

2　羊肩肉以100g為單位進行分切，抹上步驟1。和材料B一起進行真空包裝，放進冷藏室中靜置數天。

3　以80℃的熱水燙煮步驟2的真空包裝3～4個小時。將羊肉燙煮得軟嫩之後，自鍋中取出放涼。將肉與肉汁（Jus）、油脂（Grasso）各別分開來備用。

香料馬鈴薯花椰菜

1　馬鈴薯燙煮過後，大略壓碎成粗塊狀。羅馬花椰菜也汆燙備用。

2　鍋中倒油熱鍋，加進材料A拌炒。待拌炒出香氣之後，加進步驟1，倒入馬薩拉油封小羔羊全部的肉汁與一半的羊脂，再加入適量的水（分量外），拌炒至食材熱爛。

3　待整體呈現出質地略硬的馬鈴薯泥狀後，加入材料B混合均勻，關火。以鹽巴調整味道。

沙拉

1　香菜與野生芝麻菜切成段，和柳橙果肉混在一起，以油醋醬進行調味。

最後步驟

1　馬薩拉油封小羔羊分切之後，用烤箱烘烤，再和已重新加熱過的香料馬鈴薯花椰菜一起盛盤，並佐附上沙拉。在盤子上面淋上番茄酸辣醬與綠咖哩醬，接著撒上五香辣椒粉與孜然粉。

内臓 ［第4章］

—

Stigghiole
（烙烤香蔥羊腸捲）

Osteria Dello Scudo

使用小羔羊或山羊的新鮮小腸，捲包上平葉巴西里或帶葉洋蔥，再豪邁地以炭火進行烹烤的義大利西西里地區街頭小吃。在一些義式餐飲店（Trattoria）中也能有幸一嘗。這道料理據說始於希臘殖民時期。

［約1人分］

小羔羊小腸…100g
長蔥…2枝
平葉巴西里…適量
乾燥紅辣椒粉（粗研磨）、橄欖油、
　檸檬（切成扇形塊狀）、鹽巴…各適量

在丸腸（維持本來的圓條狀不剪開的）狀態下進貨的小羔羊小腸，使用一隻羊體內完整相連在一起的整條小腸。

1　用水將小腸內外徹底清洗乾淨。

2　切掉長蔥跟部與蔥綠纖維過多且較硬的部分。將長蔥與平葉巴西里疊放在一起，用步驟1捲包起來，捲到另一端以後，將小腸打結，接著把小腸末端塞進長蔥與平葉巴西里之間（b、c）。

3　放到烤網上面以炭火烘烤，或是放到鋪了烘焙紙的燒烤盤上面烘烤（d）。一邊稍微撒上鹽巴，一邊翻動以避免香蔥羊腸捲烤焦。整體均勻烘烤至長蔥的芯變得熟軟。

4　撒上鹽巴，盛放到容器之中。撒上一些紅辣椒粉並灑上少許橄欖油，附上檸檬與平葉巴西里。

a

b

c

d

—

Haggis
（小羊內臟餡羊肚）

The Royal Scotsman

這是一道蘇格蘭的傳統料理，將羊內臟、燕麥、洋蔥等食材填進羊本來的胃袋裡面烹調。雖然僅使用鹽巴與胡椒來烹調，但是混合在一起的各種羊內臟會醞釀出十分具有深度，獨特而豐富的韻味。

[15人分（完成的總重量約為1.25kg／1人80g）]

小羔羊心臟（生）…500g
小羔羊肝臟（生）…200g
小羔羊舌頭（生）…250g
小羔羊腎臟（生）…250g
法國香草束*¹…1束
A
　　洋蔥（切成2cm丁狀）…1/2顆的分量
　　西洋芹（切成2cm丁狀）…1/2根的分量
　　小羔羊脂肪（切成5mm丁狀）…75g

燕麥片*²…50g
鹽巴…重量的1.5%
黑胡椒（研磨顆粒）
　　…重量的0.3%
馬鈴薯…適量
蘇格蘭威士忌*³…適量
人工腸衣（Casing）…適量

＊1 將百里香的葉子0.5枝、月桂葉1片、韭蔥的蔥綠部分疊放在一起，用棉繩綑綁成束。沒有韭蔥也沒關係。
＊2 燕麥蒸煮之後以滾輪壓製成薄片狀的市售產品。
＊3 和帶有內臟濃郁風味的肉餡羊肚十分對味的是煙燻味（Smoky）濃烈的酒。推薦使用Islay malt（蘇格蘭的愛爾蘭島所生產的單一麥芽威士忌）的「拉弗格（Laphroaig）」或「波摩（Bowmore）」。

1 左上角開始為小羔羊的心臟、肝臟、舌頭、腎臟。由於進貨之前已是處理乾淨的狀態，所以不需再特別處理。

2 所有內臟都用流水清洗乾淨，洗去血水與汙垢。因為想要保留羊內臟特有的風味所以完整使用。

3 放入鍋中，加入足量的水（分量外）後開火。待煮至沸騰時，表面會浮上一層浮沫。

4 連同浮沫一起倒掉，每個內臟都各別以流水仔細清洗，並且連鍋子也一同清洗乾淨。重複進行兩次。

5 再次將內臟放入鍋中，加入足量的水（分量外）並開中火，煮至沸騰以後，改轉為小火，加進法國香草束，再接著熬煮1個小時。

6 以瀝水網撈出內臟並瀝去水分，大致放涼以後，放進冷藏室靜置一晚。

7 步驟6的內臟分別切成大約2cm的丁狀，整體混合均勻。

8 以食物調理機攪打成約莫大麥粒大小的絞肉狀。由於舌頭的水分較多，若單獨攪打容易整個濕黏在一起，所以一定要在步驟7的時候切成均等大小並混合均勻。

9 材料A與步驟8一樣用食物調理機攪打成略粗的碎末狀後，和步驟8與燕麥片一起放進調理盆中，加進重量1.5%的鹽巴與3%的黑胡椒。

10 用雙手將步驟9混合均勻。

11 人工腸衣（95.5mm×200mm／Fibrous Casing，填裝時直徑61mm）放入水中浸泡備用，使用之前擰去水分。

12 捏住其中一邊，用金屬夾扣夾緊成袋狀。

13 從敞開的另一邊填裝步驟10，填入至膨脹的圓滾撞後，捏住敞開的一端開口將其旋緊。

14 在旋緊的地方用金屬夾扣夾緊（此處填裝的量大約是每一個450g）。

15 鍋中倒入熱水，並將瀝水網倒扣在鍋中，接著把步驟14擺放到上面，燜蒸45～60分鐘。也可以使用蒸煮器具。

16 於燜蒸的期間製作馬鈴薯泥。削去馬鈴薯的外皮，分切成一口大小，將馬鈴薯燙煮至熟軟。

17 以瀝水網撈出馬鈴薯，撈出後靜置片刻直至瀝掉多餘的水分。

18 放入調理盆中，使用馬鈴薯搗具或叉子將馬鈴薯完全搗碎成泥。

19 蒸好以後，人工腸衣會呈現出像照片這樣膨脹的狀態。取出之後盛放到盤子裡面，附上馬鈴薯泥。

20 和裝有蘇格蘭威士忌的小酒杯一起供應，讓顧客可依喜好淋上威士忌享用。

—

Coratella
（慢燉小羊內臟〈白肉〉）

Osteria Dello Scudo

料理名稱本身的意思就是「內臟」，主要是指燉煮小羔羊或山羊內臟的料理。這是整個義大利中部地區普遍都會烹煮的料理，但烹調的手法卻各有不同。同時也是一道使用一般民眾能購得的內臟來製作的復活節料理。　［食譜→ P.146］

—

Soffritto d'agnello

（索夫利特醬煮小羊內臟〈紅肉〉）

Osteria Dello Scudo

在義大利南部有幾道以這個料理名稱而為人所知的內臟燉煮料理，而這道食譜正是位於坎帕尼亞地區深山之中的一家店所傳授的版本。將洋蔥充分拌炒到散發出甜味，令內臟的美味之處更為突顯。 ［食譜→ P.146］

ITALIA

涼拌羊肝薄片

Mazzarelle

將日本國產小羔羊的新鮮羊肝，以蒸烤爐低溫慢火稍稍加熱，將羊肝臟烹調成宛如法式巧克力蛋糕一般的綿嫩滑順口感。以鹽巴與橄欖油簡單調味後供應。　［食譜→ P.147］

ITALIA

Mazzarelle
（淺燉綠蔬捲小羊內臟〈紅肉〉）

Osteria Dello Scudo

是義大利阿布魯佐大區古都泰拉莫舉辦復活祭時的傳統料理。製作方法是用綠色蔬菜將一般民眾也能輕易購得的羊內臟捲包起來燉煮。慢火加熱，發揮羊肝的美味之處。

［食譜→ P.147］

P.143

Coratella
（慢燉小羊內臟〈白肉〉）
Osteria Dello Scudo

［約10人分］

白酒醋…適量
小羔羊小腸與大腸*1…合計300g
小羔羊舌頭*1…80g
小羔羊肺臟*1…420g
小羔羊氣管*1…100g
小羔羊皺胃*1…150g
小羔羊胃袋*1…400g
膏狀鹽漬豬背脂（P.63）…50g
乾辣椒…3根
月桂葉、迷迭香、藥用鼠尾草、
　百里香的法國香草束…1束
紅色甜椒…5個
A ┌ 白酒…500ml
　│ 水（可用小羔羊肉汁清湯代替）…1L
　└ 原味番茄泥（Passata di Pomodoro）*2…1kg
佩科里諾起司…適量
橄欖油…適量
鹽巴…適量

＊1　標示的分量為燙煮過後的重量。
＊2　用篩子壓碎過濾後盛裝成瓶的瓶裝番茄泥。義大利產。

1　取一只大鍋煮沸熱水，加入適量的白酒醋。

2　羊內臟仔細清洗乾淨，放進步驟1的鍋子汆燙。放進冷
　水裡面，去除黏液與多餘的脂肪與血管等部分。分別切
　成一口大小。

3　將膏狀鹽漬豬背脂放入鍋中加熱煮融，加入橄欖油稍微
　稀釋。加入辣椒、香草束與步驟2一同拌炒，將羊內臟
　翻炒至微焦上色。

4　與此同時，將紅色甜椒放進200℃的烤箱之中烘烤，剝
　去外皮並去掉種籽，用果汁機攪打成泥狀。

5　材料A與步驟4加進步驟3裡面，燉煮2個小時將內臟
　類食材燉煮得既軟嫩又入味。

6　以鹽巴調整味道，拌入佩科里諾起司與橄欖油。盛裝到
　容器之中，再次撒上現刨佩科里諾起司。

P.144

Soffritto d'agnello
（索夫利特醬煮小羊內臟〈紅肉〉）
Osteria Dello Scudo

［約4人分］

A ┌ 橄欖油…適量
　│ 大蒜（壓碎）…1瓣
　└ 乾辣椒…1根
義大利培根（大致切碎）…30g
洋蔥（切成薄絲）…1顆的分量
迷迭香、月桂葉、藥用鼠尾草、百里香、
　薄荷的法國香草束…1束
小羔羊肝臟…100g
小羔羊心臟…1/2個
小羔羊腎臟…1/2個
白酒…適量
乾燥的成熟糯米椒…適量
油炸用油…適量
薄荷、佩科里諾起司、E.V.橄欖油、鹽巴…各適量

1　材料A放入鍋中加熱，加進切碎的義大利培根稍微拌
　炒。洋蔥與法國香草束加入鍋中充分拌炒均勻。蓋上鍋
　蓋後轉為小火，慢慢燜煮至洋蔥釋放出水分與甜味。

2　小羔羊的內臟類食材分別切成一口大小，撒上略多一點
　的鹽巴。

3　在步驟1的洋蔥確實燜煮至釋放出甜味的同時，取一只
　平底鍋拌炒步驟2至表面微焦上色。

4　步驟1與白酒加進步驟3裡面，以較小的火力稍微燉
　煮，慢慢地加熱內臟類食材（必要時可以添加少量的
　水）。

5　切開乾燥的成熟糯米椒並刮去種籽，直接以低溫油炸至
　整體呈現酥脆狀態。

6　步驟4的內臟類食材加熱到恰到好處的程度時，混入佩
　科里諾起司，盛裝到容器裡面。擺上步驟5與薄荷葉，
　撒上佩科里諾起司並灑上E.V.橄欖油。

P.145

涼拌羊肝薄片
TISCALI

［約2人分］

小羔羊肝臟…100g
鹽巴、橄欖油…各適量
粗鹽巴、E.V.橄欖油、香草
　（芝麻菜、平葉巴西里、蝦夷蔥、香菜）…各適量

1　使用新鮮的小羔羊肝臟。將羊肝臟和鹽巴與橄欖油一起
　　放入密封袋中，放進冷藏室靜置4～5個小時。

2　放入78℃的蒸烤爐中大約加熱20分鐘（加熱時間依據
　　肝臟的大小與厚度進行調整）。

3　分切成薄片狀，盛放到盤子裡面。撒上粗鹽巴並灑上
　　E.V.橄欖油，佐附上各式香草。

P.145

Mazzarelle
（淺燉綠蔬捲小羊內臟〈紅肉〉）
Osteria Dello Scudo

［約4人分］

小羔羊肝臟…1/4個
小羔羊心臟…1個
小羔羊舌頭…1個
小羔羊內橫膈膜…1隻羊的分量
　┌ 大蒜…1瓣
　│ 乾辣椒…1根
　│ 迷迭香…3枝
A│ 藥用鼠尾草…1枝
*1│ 月桂葉…2片
　└ 茴香…約1小撮
佩科里諾起司…適量
網油…適量
綠色蔬菜（有的話使用葉用甜菜*2）…4片
完整的小羔羊小腸（參閱P.139）…1整隻羊的分量
小羔羊的肉汁清湯（P.44）…適量
番紅花…極少許
鹽巴…適量

＊1　香草類食材皆使用新鮮的狀態。
＊2　又稱為「Swiss chard」或「莙薘菜」。
是一種類似菠菜的蔬菜。

1　內臟類食材縱向分切成大小差不多的長條狀。撒上略多
　　的鹽巴，加進切碎的材料A與佩科里諾起司混拌均勻。

2　攤開網油並疊放上步驟1，將其捲包起來。

3　攤開以鹽水汆燙過的蔬菜，擺上步驟2，用蔬菜將其捲
　　包起來。接著用事先以鹽巴抓醃過的小羔羊小腸將其綁
　　好。

4　將步驟3並排到鍋中，倒入小羔羊的肉汁清湯至高度足
　　以蓋過一半步驟3的量。加入番紅花之後慢慢地稍微加
　　熱至內部熟了即可。

5　盛放到容器之中。

—

Deviled Kidneys
（香料羊腰子）

The Royal Scotsman

這一道將小羔羊腎臟以甜辣辛香的醬料熬煮之後，塗抹在吐司上面享用的料理，過去曾經是維多麗亞王朝時期的義大利貴族的早餐。特意保留下來的腎臟特有味道，讓整體風味更添深度。 ［食譜→ P.150 ］

WORLD

煙燻小羊舌

WAKANUI LAMB CHOP BAR JUBAN

使用月齡3〜6個月大小羔羊的羊舌，
經過煙燻調理之後製作而成的小菜料
理。不僅肉質相當柔嫩，濃縮於其中
的鮮甜美味與煙燻香氣更是令人回味
無窮，不論搭配哪一種酒都非常地對
味。 [食譜→ P.150]

SAKE & CRAFT BEER BAR

嫩燉小羊舌
佐香菜薄荷
綠醬與優格

酒坊主

在進行事先燙煮步驟時不添加鹽巴，
等羊舌燙煮好以後，再將鹽巴與花椒
加進燙煮羊舌的熱湯之中，讓羊舌在
冷卻的期間慢慢吸收鹽分與香氣。最
後再搭配上以香草製作而成的醬汁與
優格，讓整體風味顯得更為清爽。
[食譜→ P.151]

P.148

Deviled Kidneys
（香料羊腰子）

The Royal Scotsman

［4人分］

小羔羊腎臟…8個
醃泡汁
　印度芒果酸甜醬（Mango chutney）（市售品）…1小匙
　芥末籽醬…3大匙
　檸檬汁…1小匙
　鹽巴…2g
　卡宴辣椒粉…1/2小匙
　番茄糊…1大匙
　伍斯特醬（Lea & Perrins Sauce）…1大匙
麵粉…30g
洋蔥（切成薄絲）…1顆的分量
奶油…1大匙
水…300ml
鹽巴、胡椒…各適量
吐司…1片
奶油、巴西里（切成末）…各適量

1　剝去腎臟的薄膜並剔除多餘的脂肪。縱向對切成兩半，
　用流水清洗掉血水後，用廚房紙巾擦去水分。

2　將醃泡汁的材料混合在一起，調配出醃泡汁。

3　步驟1浸泡於醃泡汁裡，置於室溫之中1個小時。浸泡
　期間時不時翻動一下，讓整體都醃泡入味。

4　從醃泡汁中取出腎臟，用廚房紙巾擦去水分，再整體抹
　上一層麵粉。醃泡汁置於一旁備用。

5　平底鍋中放入分量中的奶油，開火將奶油煮融後，放入
　洋蔥拌炒至呈現透明狀。加入步驟4的腎臟稍微拌炒，
　倒入醃泡汁與水熬煮至收汁。以鹽巴與胡椒調整味道。

6　吐司上面抹上奶油，塗上步驟5並撒上巴西里。

P.149

煙燻小羊舌
WAKANUI LAMB CHOP BAR JUBAN

［易於製作的分量］

小羔羊舌頭…200g
　┌ 大蒜（切成片）…2瓣
　│ 月桂葉（用手撕碎）…2片
A │ 顆粒黑胡椒（粗研磨）…15粒
　└ 岩鹽…25g
醃燻木（櫻桃木）…0.5枝
第戎芥末籽醬、細葉香芹…各適量

1　小羔羊舌頭以材料A進行醃漬，放入冷藏室中靜置一天。

2　隔天將羊舌取出，以流水洗去附著在羊舌上面的鹽巴等
　物，放入鍋中。接著倒入足量的水（分量外），開中火大
　約燙煮2小時直到羊舌變得軟嫩。一出現浮沫就撈除。

3　趁熱剝去羊舌的外皮。

4　將醃燻木放進中式炒鍋之中，放上網架，擺上步驟3。蓋
　上鍋蓋開小火，大約醃燻1個小時。因為醃燻調理會帶有
　較強的酸味，所以置於冷藏室靜置半天，待味道穩定下來
　之後再做供應。

5　步驟4薄切成片並盛放到盤子裡面，佐附上第戎芥末籽醬
　與細葉香芹。

P.149

嫩燉小羊舌
佐香菜薄荷綠醬與優格

酒坊主

［1人分］

A ┌ 小羔羊舌頭…6個
  │ 紹興酒…50ml
  └ 生薑…1小塊
花椒…1小匙
香菜薄荷綠醬*¹、優格*²…各適量

＊1　將香菜4束、薄荷1小包、綠辣椒2根、萊姆1
顆、太白芝麻油75ml、鹽巴1小匙、魚露1小匙以食
物調理機攪打成泥狀。
＊2　就像一般醬汁一樣淋到料理上面使用，若是瀝
去水分再做使用，能夠讓味道更顯濃郁。可依照喜
好調整味道濃淡。

1　材料A放入鍋中（舌頭可以連皮使用），加進足量的水
　　（分量外），煮至沸騰之後撈除浮沫，維持在咕嘟咕嘟
　　冒泡的沸騰程度下燙煮1個小時半。

2　趁熱將鹽巴（分量外）加進燙煮羊舌的湯汁裡面，添加
　　鹽巴至讓湯汁喝起來顯得略鹹的濃度。將加入花椒也加
　　進去，置於常溫中冷卻。

3　步驟2的羊舌取出後切成易於食用的厚度，盛裝到盤子
　　裡面，淋上香菜薄荷綠醬與優格。如果鹹味不夠的話，
　　可以再添加一些煙燻片鹽（Maldon製·分量外）。

CHINA

剁椒羊頭肉
（汆燙羊頭佐香辣蕗蕎醬）

南方中華料理 南三

羊頭縱向對半切之後，充分地進行事先燙煮。羊舌與羊腦也個別進行汆燙，加熱至最恰到好處的程度。淋覆在上面的醬汁使用發酵辣椒與蕗蕎調製而成，和本身具有特殊風味的肉類也非常對味。 ［食譜→ P.154］

CHINA

胡辣羊蹄
（香辣滷羊蹄）

南方中華料理 南三

將羊蹄與辛香調味料和香味蔬菜一起慢火燉煮，並烹煮至口感軟嫩Q彈。燉煮好後，再從上面充分淋上添加了辛香料的滾燙香料油。散發著十分可口的香氣，是一道相當易於享用的美味料理。 ［食譜→P.155］

SAKE & CRAFT BEER BAR

酥炸小羊心

酒坊主

將本身沒有什麼特殊氣味且品質良好的羊心，用添加了辛香料的麵衣包裹起來，迅速地油炸至內裡彈嫩的口感。附上煙燻片鹽與自製哈里薩辣醬，讓香味層層疊加在一起。

［食譜→P.155］

P.152

剁椒 羊頭肉
（汆燙羊頭佐香辣蕗蕎醬）

南方中華料理 南三

［6人分］

小羔羊頭（縱向對切）…1/2個的分量
小羔羊舌頭…5個
小羔羊腦…5個
白滷汁
　水…4.5L
　鹽巴…125g
　台灣米酒*1…100ml
　月桂葉…5片
　檸檬香茅…2枝
　生薑…適量
　陳皮*2…3片
　花椒…2g
　西洋芹的葉子…適量
A ┌ 剁椒*3…100g
　├ 鹽漬蕗蕎…100g
　├ 西洋芹…50g
　└ 生薑…50g
花生油…適量
香味醬油（李錦記）…適量
香菜（切成段）…1束

＊1　產自台灣用米釀造而成的蒸餾酒。
＊2　將橘皮曬乾之後製作而成的中式辛香料。
＊3　紅辣椒（生）與大蒜切碎，以鹽巴調味後發
酵一年的調味料。

1　羊頭與羊舌分別自冷水開始進行燙煮。羊腦用流水清洗
之後，剔除血管，分成小團。羊頭與羊舌也同樣用水清
洗。

2　白滷汁的材料放入鍋中，煮至沸騰後，舀出適量的白滷
汁分別燙煮羊頭、羊舌與羊腦。在白滷汁煮滾的狀態下
加進滷汁裡面，接著再次將滷汁煮至沸騰。撈除浮沫並
轉為小火進行燙煮。燙煮的時間分別為羊頭約1個小時
半、羊舌約1個小時、羊腦約5分鐘。燙煮完成的基準
為燙煮至能以竹籤輕鬆戳入的柔軟程度。各自燙煮完成
以後，直接浸泡在滷汁裡面放涼，放到冷藏室裡面冷
藏。

3　材料A分別切成末並放入調理盆裡面，倒入滾燙的花生
油至稍稍蓋過調理盆中的材料A。加入香味醬油調整味
道。

4　從步驟2的羊頭上面切下臉頰肉，連同羊舌、羊腦一起
分切成易於實用的大小，和羊頭一起盛放到容器之中。
澆淋上足量的步驟3，佐附上香菜。

P.153

胡辣羊蹄
（香辣滷羊蹄）

南方中華料理 南三

［6人分］

潮州滷汁（湯）

A
├ 水…4L
├ 豬背脂肪…500g
├ 雞爪…500g
└ 雞骨架…500g

B
├ 長蔥的蔥綠部分…2枝的分量
├ 生薑（切成薄片）…3小塊
├ 鹽巴…100g
├ 紹興酒…75ml
├ 冰糖…150g
├ 生抽*…200ml
├ 草果…適量
├ 甘草…適量
├ 八角…適量
├ 月桂葉…適量
├ 花椒…適量
├ 桂皮（肉桂棒）…適量
├ 陳皮（P.154）…適量
├ 檸檬香茅…適量
└ 南薑…適量

羊蹄…600g

C
├ 月桂葉…適量
├ 乾辣椒…適量
├ 孜然籽…適量
├ 花椒…適量
└ 一味辣椒粉…適量

＊淡色的中國醬油。

1 製作潮州滷汁。材料A放入鍋中煮至沸騰，撈除浮沫的同時轉為小火加熱約2個小時。過濾之後加進材料B，煮至沸騰後，離火靜置冷卻。

2 羊蹄汆燙之後瀝去湯汁，用水清洗乾淨。潮州滷汁煮至沸騰之後，放入羊蹄再次煮滾並撈除浮沫。轉為小火約莫燙煮2個小時。火力控制在小火的程度。之後直接讓羊蹄浸泡在滷汁中靜置放涼。

3 供應時，將步驟2盛放到大盤子裡面，放進蒸籠裡面燜蒸加熱。

4 進行步驟3的同時，將花生油（分量外，適量）加熱至150℃。加進材料C繼續加熱至辛香料散發出香氣。

5 將滾燙的步驟4澆淋到加熱好的步驟3上面。

P.153

酥炸小羊心

酒坊主

［1人分］

小羔羊心臟…1/3個
萬願寺甜辣椒…1根
麵衣
低筋麵粉…100g
玉米澱粉…50g
鹽巴…2/3大匙
泡打粉…1/2小匙
水…150ml
橄欖油…1/2大匙
黑色小茴香（Kalonji）*1…1/3小匙
油炸用油…適量
粗鹽巴、自製哈里薩辣醬*2、
煙燻片鹽（Maldon製）…各適量

＊1 也被稱為黑種草（Nigella seeds）或是黑孜然（Black cumin）。是一種黑色小顆粒狀的辛香料。
＊2 由韓國產紅辣椒（乾燥・粗研磨）35g、匈牙利紅椒粉2大匙、香菜粉1小匙、孜然粉1小匙、橄欖油6大匙、鹽巴1/2大匙混合而成。

1 用廚房紙巾擦去羊心臟上面的血水，分切成一口大小。萬願寺甜辣椒也切成一口大小。

2 麵衣材料混合均勻。

3 油炸用油加熱至120℃，不裹麵衣直接油炸萬願寺甜辣椒。將油炸用油的溫度提高至170℃，放入沾裹了步驟2的步驟1進行油炸。瀝去油分之後，撒上現磨粗鹽巴。

4 盛放到盤子裡面，淋上自製哈里薩辣醬，佐附上煙燻片鹽。

雲南思茅風
拌炒小羊胸腺

Matsushima

將廣東料理中的拌炒牛腦料理替換成羊胸腺肉。用略多一點的油進行香煎,將其煎炸至金黃焦香上色。拌炒時加入足量的香味蔬菜更添整體色香味的豐富程度。 [**食譜→ P.158**]

法式燉小羊胸腺
酒醋沙拉

BOLT

先用奶油將小羊胸腺(Ris d'agneau)香煎至金黃上色,進一步增添香甜奶香。使其與帶有鮮甜滋味和美味口感的牛肝菌更顯對味。使用添加了雪莉醋的醬汁增添清冽口感與輕盈風味。

[**食譜→ P.158**]

—

酥炸
小羊胸腺

WAKANUI LAMB CHOP BAR JUBAN

產自紐西蘭的小羔羊的胸腺肉沒有什
麼特殊氣味，十分適合用於油炸與香
煎。在表面裹上一層粗粒小麥粉再油
炸成酥脆的羊肉塊，佐附上香蒜蛋黃
醬（Aioli）與檸檬。

[食譜 → P.159]

—

脆皮香炸
小羊胸腺

BOLT

這裡選用的是產自法國的小羔羊胸腺
肉，其肉質具有十分潔淨的味道。以
大致揉碎的玉米片取代麵包粉，製造
出酥脆的脆皮口感，突顯出小羊胸腺
肉的柔嫩程度與溫和風味。

[食譜 → P.159]

P.156

雲南思茅風
拌炒小羊胸腺

Matsushima

［2～3人分］

小羔羊胸腺肉…100g

A
- 鹽巴…適量
- 胡椒…適量
- 黃酒*1…適量

低筋麵粉、花生油…各適量
日本薯蕷（削皮以後切成半圓形片狀）…5cm的分量
玉米筍…2根

B
- 花生油…適量
- 乾辣椒…6根
- 大蒜（切成薄片）…1瓣的分量
- 四川青山椒粒…15g

黃酒…適量
泰式調味醬油（Seasoning sauce）…適量
山椒鹽*3…適量

C
- 珠蔥…適量
- 青龍菜*2…適量
- 蒔蘿…適量
- 韭菜…適量
- 香菜（切成段）…適量

*1 以米為原料釀造而成的釀造酒。以紹興酒最
具代表性。老酒為長期熟成的黃酒。
*2 蔥與韭菜雜交改良出的葉菜類蔬菜。
*3 四川青山椒粒研磨成粉末狀後，和鹽巴以1比
10的比例混合而成。

1 剔除羊胸腺肉的筋與薄皮，撒上材料A靜置片刻，讓調
味醃漬入味。

2 在步驟1上面拍上一層低筋麵粉，用略多的花生油煎炸
至金黃上色。

3 日本薯蕷與玉米筍以熱油快速爆炒。

4 將材料B放入中式炒鍋裡面，慢慢拌炒至散發出香氣。
依序沿著鍋邊倒入黃酒與泰式調味醬油，每加入一項都
整體拌炒均勻。

5 步驟2與步驟3加進步驟4裡面，以山椒鹽調整味道。
加進材料C並轉為大火快速翻炒，盛放到盤子裡面。

P.156

法式燉小羊胸腺
酒醋沙拉

BOLT

［1人分］

小羔羊胸腺肉（法國‧洛澤爾產）…120g
牛肝菌…80g
雞高湯（P.77）…適量
苦苣…1小把
芥末籽蜂蜜油醋醬*1…適量
奶油…10g
火蔥（切成末）…尖尖的1小匙
大蒜（切成末）…1/4小匙
濃縮肉湯（Jus de viande）雪莉醋醬汁*2…少許
夏季松露…適量

*1 蜂蜜120g、第戎芥末籽醬250g、白酒醋150g、鹽巴
25g、太白芝麻油800g混合至呈現乳化狀態。
*2 雪莉醋50ml與紅砂糖10g放入鍋中並且開火，將其熬煮
收汁至表面呈現出如鏡面般反射光線的濃稠度。於此同時加
入濃縮肉湯100g混合均勻。

1 若羊胸腺肉上面有血水殘留，以流水清洗乾淨。用水洗
乾淨以後，放進熱水裡面汆燙10秒，取出後浸泡於冰
水之中。擦去水分，用廚房紙巾包裹起來，放入冷藏室
裡面。

2 牛肝菌清洗以後縱向分切成2等分，放入添加了鹽巴的
雞高湯裡面進行燜煮。

3 步驟1分切成易於食用的大小，稍微撒上鹽巴。平底鍋
中倒入薄薄的一層橄欖油（分量外），開大火。待鍋中
冒出淡淡的煙霧之後，放入步驟1將每一面都煎至焦香
上色。連同平底鍋一起放進185℃的烤箱之中，烘烤
3～4分鐘。

4 苦苣混入極少量的芥末籽蜂蜜油醋醬，撒上胡椒。

5 取出步驟3，放到瓦斯爐上開中強火。步驟2的切面輕
輕撒上鹽巴後，放入平底鍋中，香煎至表面金黃上色。

6 放入奶油加熱融化，待整體均勻裹覆上奶油後香煎至香
氣四溢的焦糖色。

7 加進火蔥與大蒜，大致拌炒。將步驟4盛放到盤子裡
面，在上面盛放上一半的步驟6。

8 朝著留在平底鍋裡的羊胸腺肉灑上少許的濃縮肉湯雪莉
醋醬汁，接著再盛放到步驟7上面。撒上現刨夏季松
露。

P.157

酥炸小羊胸腺
WAKANUI LAMB CHOP BAR JUBAN

［2～3人分］

小羔羊胸腺肉（紐西蘭產）…200g
鹽巴…2.2g
白胡椒…1g
低筋麵粉…適量
蛋液…1顆的分量
粗粒小麥粉…150g
香蒜蛋黃醬（Aioli）＊…適量
檸檬（切成扇形塊狀）…1/6顆的分量
細葉香芹…適量
沙拉油…適量

＊由美乃滋100g、大蒜粉4g、第戎芥末籽醬10g、
牛奶10g、鹽巴與胡椒各適量，均勻混合而成。

1　剔除羊胸腺肉上的薄皮，撒上鹽巴與白胡椒。裹上低筋
　　麵粉、沾附蛋液，接著裹上粗粒小麥粉。

2　將步驟1放入180℃的沙拉油裡面油炸3～4分鐘。

3　油炸好的步驟2盛放到盤子裡面，佐附上香蒜蛋黃醬與
　　檸檬，點綴上細葉香芹。

P.157

脆皮香炸小羊胸腺
BOLT

［1人分］

小羔羊胸腺肉（法國・洛澤爾產）…120g
苦艾酒醬汁（下記製作完成後取適量）
　蘑菇（薄切成片）…10朵
　火蔥（切成末）…中型3個的分量
　白酒…200ml
　苦艾酒…300ml
　雞高湯＊…500ml
　液狀鮮奶油（乳脂肪含量35%）…200ml
低筋麵粉、蛋液、麵包粉…各適量
鹽巴、油炸用油…各適量
檸檬…適量

＊P.77的雞高湯熬煮至收汁前的高湯。

1　羊進行胸腺肉的事先處理（參照左頁「法式燉小羊胸腺
　　酒醋沙拉」）。

2　製作苦艾酒醬汁。
　　① 鍋中倒入橄欖油（分量外）加熱，以小火將蘑菇與
　　　火蔥拌炒至熟軟，避免蔬菜變色。
　　② 倒入白酒與苦艾酒熬煮收汁至呈現出濃稠度。
　　③ 加入雞高湯，熬煮收汁至剩餘1/3的量。
　　④ 倒入液狀鮮奶油，繼續熬煮收汁至湯汁濃稠。

3　在步驟1上面撒上鹽巴，依序沾裹上低筋麵粉、蛋液、
　　麵包粉。以170℃的沙拉油酥炸至香脆。

4　盛放到盤子之中，佐附上苦艾酒醬汁與檸檬。

—

青岩古鎮風 滷羊蹄

Matsushima

貴州省古都，青岩古鎮的有名菜餚。
將羊蹄燉煮至仍然留有彈牙口感的軟
嫩程度，烹煮得甜鹹。這道料理最不
可欠缺的是添加了魚腥草製作而成的
醬汁，那種帶著魚腥草特殊香氣的酸
甜沾醬。

［2～3人分］

小羔羊的羊蹄（冷凍）…3隻

A
- 水…4L
- 老抽（中國熟成濃醬油）…30ml
- 上白糖…100g
- 老酒…200ml

B
- 八角…4g
- 陳皮（P.154）…3g
- 甘草（整根）…適量
- 甘草粉…適量
- 丁香（整粒）…4g
- 月桂葉…3～4片
- 生薑…1大塊
- 大蒜…5～6瓣
- 長蔥（蔥綠部分）…3～4根的分量
- 草果（整顆）*…10g

沾醬

生抽（中國淡色醬油）…適量
中國烏醋…適量
上白糖…適量
毛湯（省略解說）…適量
芝麻油…適量
辣椒油…適量
生薑（切成末）…適量
大蒜（切成末）…適量
乾煎辣椒…適量
魚腥草的莖…適量
長蔥（切成末）…適量
香菜（切成末）…適量

* 薑科植物草果的果實乾燥而成之物。可作為辛香料或中藥使用。

魚腥草的莖。在中國會拿來拌炒，或是在生食的狀態下直接作為調味佐料。略帶特殊味道的香氣，再加上味道苦甜，更有著清脆的口感。

1 羊蹄事先進行燙煮，去除特殊味道（a）。

2 材料A放入中式炒鍋之中煮至沸騰，接著加入材料B。

3 步驟1加進步驟2裡面並再次煮至沸騰，轉為小火繼續燉煮大約3個小時。若湯汁在燉煮過程中變少，則適時加水補足。燉煮至羊蹄不會過於軟爛，還留有適度彈牙口感的程度（b）。

4 製作沾醬。生抽、烏醋、上白糖以6：4：1的比例混合在一起。嚐嚐看步驟3湯汁的味道，如果味道太濃則少量添加毛湯進行調整。加進少許芝麻油與辣椒油，且辣椒油的量約莫為芝麻油的一倍。接著將其餘的沾醬材料也一同加進去混合均勻。生薑與大蒜分量相等且少許添加。長蔥與魚腥草的量為生薑的6倍左右。乾煎辣椒大約是生薑的2倍。

5 步驟3盛放到容器之中，佐附上步驟4與足量的香菜。

a

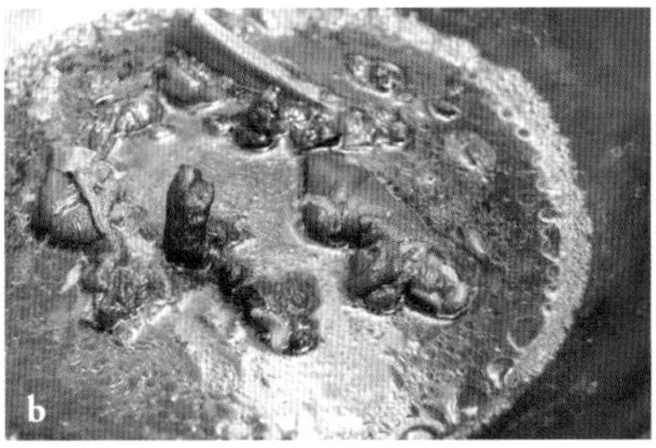
b

c

番茄燉羊肚
TISCALI

使用日本國產小羔羊新鮮而沒有什麼
異味的羊胃，事先經過數次仔細的燙
煮之後再進行燉煮，是一道風味十分
純淨的燉牛肚料理。訣竅在於每次燙
煮之後都要用熱水清洗，確實地除去
汙垢與脂肪。

[易於製作的分量]

小羔羊胃袋
（日本國產・綜合第一個胃～第四個胃）…1隻羊的分量
小羔羊小腸…1隻羊的分量
水、醋…各適量

A ┌ 洋蔥（切成薄絲）…1顆
　│ 胡蘿蔔（切成薄片）…1根
　└ 西洋芹（切成薄片）…1根

B ┌ 白酒…約100ml
　│ 孜然籽…1小匙
　│ 月桂葉…1片
　│ 去皮整顆番茄罐頭（用篩子壓碎過濾）…180ml
　│ 卡宴辣椒粉（大致切碎）…適量
　│ 蔬菜或雞的肉汁清湯（省略解說・加水）、
　└ 　鹽巴…各適量
平葉巴西里（切碎）…適量

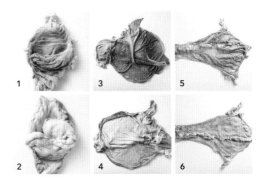

圖1、2 為第一個胃（瘤胃）與第二個胃（蜂巢胃）相連在一起的狀態。圖1 為內側，圖2 為外側。大量附著於表面的脂肪會在燙煮與熱水清洗中剔除。而 圖3、4 為第三個胃（重瓣胃）與第四個胃（皺胃）相連在一起的狀態。圖3 為內側，圖4 為外側。雖然廠商出貨前已有清洗過，但仍殘留有消化物附著於其上的黃色汙垢與脂肪。圖5、6 為切開狀態下的小腸，圖5 為內側，圖6 為外側，而小腸的外側附著大量的脂肪。這些都要仔細地清洗乾淨。

1 胃袋與小腸分別用熱水器的熱水（42℃）洗去汙垢，再用醋水燙煮過後瀝去水分。重複這個動作4次，並於清洗的同時用手將附著在上面的脂肪與汙垢剝除（a）。清洗成不論是內側或外側都沒有汙垢或脂肪殘留的乾淨狀態即可（b）。

2 步驟1分別切成長約5cm、寬約0.5cm的大小（c）。

3 鍋中倒入橄欖油（分量外）加熱，將材料A拌炒至熟軟。

4 材料B也加進鍋中，整體攪拌均勻（d），煮至沸騰。由於已經確實事先燙煮過幾次，所以應該沒有什麼浮沫，但若仍有浮沫則撈除。將火力維持在讓高湯咕嘟咕嘟冒泡的沸騰程度，燉煮至羊胃袋與醬汁融入成一體。若燉煮期間水分蒸發太多則適時加水補足。

5 離火之後放涼，放入冷藏室中靜置一晚。重新加熱之後盛放到盤子裡面，撒上平葉巴西里。

咖哩

[第 5 章]

Hyderabadi Mutton Biryani

（海德拉巴羊排骨印度香飯）

Erick South Masala Diner

這道料理有著各種的烹調手法，此處
所介紹的作法是將事先燙煮過的米與
羊排骨咖哩分層鋪入鍋中一起燜蒸的
一種名為「Dum Biryani」的烹煮方
法。藉由燜蒸時的完整密封，讓香氣
更顯豐富。　[食譜→ P.166]

馬薩拉

成羊帶骨肉（冷凍・切塊）…500g

去皮整顆番茄罐頭…125g

水…200ml

鹽巴…8g

沙拉油…25g

生薑大蒜泥（P.169）…40g

綠辣椒（生・切成圈狀）…6g

紅洋蔥糊（P.169）…125g

A
┌ 香菜粉…10g
│ 卡宴辣椒粉…2g
│ 孜然粉…2g
│ 薑黃粉…2g
│ 自製濃味葛拉姆馬薩拉＊…5g
└ 鹽巴…3g

優格…75g

印度香飯的事先準備

B
┌ 水…2L
│ 鹽巴…20g
│ 小豆蔻（整粒）…8粒
│ 丁香（整粒）…8粒
│ 顆粒黑胡椒…16粒
│ 肉桂棒…2根3cm長
│ 八角…2粒
└ 月桂葉…2片

巴斯馬提米（Basmati）…360g

最後步驟

香菜…20g

乾燥薄荷…2g

牛奶…30ml

番紅花…1小撮

薑黃粉…2g

奶油…50g

番茄（切成半圓形片狀）、紅洋蔥（切成薄絲）、
綠辣椒（縱向對半切）、香菜（切成末）…各適量

＊可用市售葛拉姆馬薩拉10g代替。

馬薩拉

1 將肉解凍，用溫熱水清洗數次，洗去血水、脂肪與異味。

2 步驟1、去皮整顆番茄、水與鹽巴放入壓力鍋中。開火，在加壓狀態下燜煮20分鐘。

3 在另一鍋中倒入沙拉油熱鍋，放入生薑大蒜泥炒香，再依序加入綠辣椒與紅洋蔥糊，每加入一項都整體拌炒均勻。

4 加入材料A混拌均勻，充分拌炒至油浮上表面。

5 倒進步驟2的燉煮湯汁，讓整體融合在一起，接著繼續稍微燉煮。

6 煮到湯汁略帶稠度且整體融為一體之後，最後再倒入優格混拌均勻。

印度香飯的事先準備

1 材料B放入鍋中煮至沸騰後，倒入巴斯馬提米稍微攪拌一下。

2 讓火力維持在讓湯汁沸騰冒泡且鍋中米粒翻湧跳動的狀態，燙煮約8分鐘。

3 將米煮至約七分熟後，以瀝水網整個瀝去水分。

最後步驟

1 在印度香飯專用的鍋子裡面，鋪上1/3的印度香飯，接著鋪上一半的馬薩拉。

2 整體均勻撒上一半的香菜與乾燥薄荷。這兩個步驟整個再重複進行一次。

3 將剩餘的印度香飯鋪到最上面。淋上事先浸泡過番紅花且混入薑黃粉並靜置1個小時的牛奶，最後再擺上奶油。

4 覆蓋上兩層錫箔紙，再用浸水濕潤過的麻繩綁住固定，完整密封住。

5 放進200℃的烤箱之中加熱30分鐘，再靜置片刻燜蒸。端至客席，戳破並攤開錫箔紙。

6 以切拌的方式進行混拌，盛放到盤子之中。擺上番茄、紅洋蔥與青辣椒，再撒上香菜。

—

Mutton Nihari
（燉羊小腿咖哩）

Erick South Masala Diner

這是一道燉煮羊腱肉的簡單料理。是
巴基斯坦與印度，以多數穆斯林居住
地為中心的各地都能吃得到的料理。
擠上足量的檸檬汁，添加各種香味蔬
菜一起享用。

［易於製作的分量］

帶骨成羊腱肉（冷凍）…1kg
沙拉油…30ml
生薑大蒜泥（右記）…60g
紅洋蔥糊（右記）…120g
自製印度香料粉＊…40g
水…1L

A
月桂葉…4片
八角…2粒
顆粒黑胡椒…12粒
肉桂棒…2根3cm長

麵粉…60g
酥油…適量
檸檬（扇形塊狀）、香菜（切成末）、
　綠辣椒（生・斜向薄切）、
　生薑（切成絲）、
　紅洋蔥（切成薄絲）、鹽巴
　…各適量

＊可用香菜粉16g、孜然粉8g、卡宴辣
椒粉4g、薑黃粉4g、市售葛拉姆馬薩拉
8g混合而成的香料粉代替。

左：紅洋蔥糊。垂直紅洋蔥纖維分切成薄絲，再用沙拉油慢慢地拌炒成糊狀。 **右**：生薑大蒜泥。生薑、大蒜、水分別以1：1：2的比例混合在一起，調製成泥糊狀。

1　將肉解凍，用溫熱水清洗數次，洗去血水、脂肪與異味。

2　鍋中倒入沙拉油熱鍋，放入生薑大蒜泥與紅洋蔥糊炒香。拌炒出香氣之後，加進自製印度香料粉與鹽巴攪拌均勻。

3　步驟1加進步驟2裡面拌炒。加水將鍋邊乾掉的湯汁刮入鍋中混合均勻（a）。煮至沸騰以後，加入材料A並移入保溫調理器中（b），加熱一晚。

4　將肉取出，並於取出時避免把肉碰碎。麵粉以水溶開，邊以打蛋器攪拌邊倒入鍋中，避免麵粉水結塊（c）並煮至沸騰。

5　把肉放回鍋中（d），加熱。盛放到容器之中，擺上酥油。將檸檬、香菜、綠辣椒、生薑、紅洋蔥盛放到小盤子裡面，一同供應。推薦食用前夾取小盤子裡的香味蔬菜擺到上面，擠上檸檬汁再行享用。

—

鐵鍋香料炒羊腿肉

PAO Caravan Sarai

將帶骨羊肉放進名為「Karahi」的萬用炒鍋之中進行燉煮的阿富汗知名料理。剛開始先以小火蒸煮,最後再開大火一口氣將水分煮乾烹調而成。供應時再佐附上烤得薄薄的烤饢。

[2〜3人分]

小羔羊腿肉
　（冷凍）…180g
A ┌ 生薑（切成末）…1小匙
　├ 大蒜（切成末）…1小匙
　└ 優格…1小匙
小羔羊肋排（冷凍・澳洲產）…200g

橄欖油…1大匙
番茄（切滾刀塊）…大型1顆的分量
糯米椒（縱向對半切）…5根的分量
生薑（切成粗末）…1大匙
鹽巴、黑胡椒…各適量

「Karahi」是橫跨阿富汗巴基坦地區居民普遍會使用的一種鐵鍋。會將外觀類似中式炒鍋，但沒有把手，而且尺寸也更小的「Karahi」作為鍋蓋來使用。

1 將羊腿肉分切成略大一點的一口大小，裹覆上材料 A醃漬大約2個小時。羊肋排連骨一起剁成2〜3cm長的塊狀。

2 在Karahi鐵鍋中倒入橄欖油熱鍋，放入羊肋排。開小火並且不時翻面，慢火香煎至整體焦香上色。

3 待羊肋排煎得差不多以後，加進醃漬入味的羊腿肉，同樣香煎至整體微焦上色。

4 撒上鹽巴，加入番茄一起拌炒。

5 將羊肉都夾到上面，讓番茄墊在鍋底，在這樣的狀態下蓋上鍋蓋，用小火燜煮3分鐘左右。

6 待番茄煮至熟軟後，稍微翻動將番茄拌散，繼續燜煮至番茄完全熟爛。

7 糯米椒與生薑放入鍋中一起拌炒。蓋上鍋蓋並轉為中火，繼續燜煮以煮乾水分。

8 待湯汁變得濃稠以後，打開鍋蓋，開大火一邊拌炒一邊煮乾水分。撒上黑胡椒，連同鍋子一起供應。

古典風格
印度香料咖哩
Erick South Masala Diner

印度北部喀什米爾地區的傳統料理。此
處介紹的是不使用洋蔥、大蒜、番茄等
食材的古典食譜，風味較為清爽。不太
有辣味且有著濃郁鮮甜風味的當地特產
辣椒是這道料理的靈魂所在。

[易於製作的分量]

成羊帶骨肉（冷凍）…500g
酥油…50g

A
- 綠豆蔻（整粒）…8粒
- 黑豆蔻（整粒）…4粒
- 丁香（整粒）…8粒
- 顆粒黑胡椒…12粒
- 肉桂棒…2根3cm長

B
- 水…100ml
- 克什米爾辣椒粉（P.177）…12g
- 茴香粉…8g
- 薑粉…6g
- 孜然粉…6g
- 薑黃粉…3g
- 阿魏粉（Hiṅgu）*…2g
- 鹽巴…8g

優格…100g
水…300g
香菜（切成段）…適量

＊繖形科植物根部樹汁乾燥而成的粉末。氣味十分強烈，但是經過加熱之後，會轉變得芳醇。

1　將肉解凍，用溫熱水清洗數次，洗去血水、脂肪與異味。

2　酥油放入鍋中加熱，待其開始受熱融化的時候，加入材料A。待散發出香氣，豆蔻鼓起並膨脹、油中冒出氣泡時（a），加入事先充分調合均勻的材料B混拌均勻。

3　待油浮上表面（b），加入步驟1拌炒，讓辛香調味料充分裹覆到肉上面。拌炒到肉的表面滲出油脂時（c），加進優格與水並整體混拌均勻。

4　煮至沸騰後，蓋上鍋蓋，以小火燉煮至羊肉變得軟嫩。燉煮期間適時加水補足。盛放到容器之中，撒上香菜。

簡餐風格
印度香料小羊咖哩

Erick South Masala Diner

這是將P.172的古典風格咖哩升級成充滿現代風格的料理。日本的印度料理店大多是以這一種香料咖哩為主流。裡面添加了優格，烹調成帶有奶香的濃醇風味。 [**食譜→** P.177]

Lamb Green Kurma
（羊肉椰香綠咖哩）

Erick South Masala Diner

「Kurma」是南印度咖哩的其中一種。多數會在烹調完成的時候，在上面淋上椰奶，增添奶香與濃醇風味。其鮮豔的翠綠色調是因為使用了大量的香草、薄荷、綠辣椒。

[食譜→ P.178]

SAKE & CRAFT BEER BAR

羊絞肉Curry
酒坊主

使用成羊的絞肉烹製並添加足量的檸檬汁，烹煮成風味清淡且分量輕簡的料理。由於油分含量少所以清爽而不油膩，也很適合作為下酒菜享用。搭配用巴斯馬提米炊煮出來的米飯。

[食譜→ P.178]

—

小羊肉醬咖哩

WAKANUI LAMB CHOP BAR JUBAN

使用了大量粗羊絞肉，以小羔羊的美味為主角的印度香料肉醬咖哩（Keema Curry）。加入大量生薑與花山椒增添香氣，烹調出爽口而獨特的風味。附上醋醃紫高麗菜讓整體更顯繽紛。 ［**食譜**→ P.177］

P.176

小羊肉醬咖哩
WAKANUI LAMB CHOP BAR JUBAN

[易於製作的分量]

小羔羊肩胛肉、背脊里肌肉的邊角肉*¹…600g
去皮整顆番茄罐頭…100g
紅酒…60g

A [大蒜（切成末）…1瓣的分量
　　生薑（切成末）…1小塊的分量
　　乾辣椒（切成末）…1根的分量

B [丁香（整粒）…3粒
　　綠豆蔻（整粒）…2粒
　　肉桂棒…1根

洋蔥（切成末）…1顆

C [孜然粉…1大匙
　　薑黃粉…1大匙

沙拉油、鹽巴、胡椒、砂糖…各適量
花山椒粉…1大匙
薑黃飯*²…適量
巴西里（切成末）…適量
醋醃紫高麗菜*³…適量

＊1 使用羊肩胛肉以及帶骨背脊里肌肉的邊角肉（分切帶骨小羔羊排切下來的碎肉）。
＊2 泰國香米（茉莉香米）500g、水550g、薑黃粉7g、鮮味調味粉13g、橄欖油30g混在一起，用電子鍋煮成米飯。
＊3 鍋中倒入白酒醋300g、水200g、砂糖100g，並放入三種顆粒狀辛香料（將各1小匙的香菜籽、黑胡椒、丁香用廚房紙巾包起來，以棉繩綁好），煮至快要沸騰的時候就關火。放入以2mm的寬度切成絲的紫高麗菜絲，利用餘熱進行加熱，待放涼以後移到別的容器裡面，放進冷藏室裡面靜置半天。

1 將羊肉以絞肉機絞成粗絞肉。

2 去皮整顆番茄以果汁機攪打成滑順狀態。紅酒倒入鍋中，開火先將酒精煮至揮發。

3 沙拉油倒入略多一點的橄欖油，加進材料A並拌炒至散發出香氣。加進以手搖磨豆機等器具細細研磨好的材料B，翻炒至香氣四溢。

4 加進洋蔥，充分拌炒至洋蔥熟軟且不帶水分。接著加進步驟1，將肉撥散的同時確實拌炒，加入步驟2、材料C、鹽巴、胡椒與砂糖，一邊煮至收汁一邊調整味道。

5 關火，撒上花山椒粉。和薑黃飯一起盛裝到盤子裡面，撒上巴西里，附上醋醃紫高麗菜絲。

P.174

簡餐風格
印度香料小羊咖哩
Erick South Masala Diner

[易於製作的分量]

小羔羊肩胛肉（冷凍）…500g
沙拉油…100ml

A [綠豆蔻（整粒）…8粒
　　黑豆蔻（整粒）…4粒
　　丁香（整粒）…12粒
　　顆粒黑胡椒…12粒
　　肉桂棒…2根3cm長
　　月桂葉…4片
　　孜然籽…4g
　　茴香籽…4g

生薑大蒜泥（P.169）…50g
紅洋蔥糊（P.169）…200g

B [香菜粉…12g
　　克什米爾辣椒粉*…16g
　　孜然粉…3g
　　薑黃粉…3g
　　鹽巴…12g

水…200ml
去皮整顆番茄罐頭…300g
香菜（切成段）…10g
優格…100g
自製濃味葛拉姆馬薩拉（省略解說）…3g

＊可用卡宴辣椒粉4g加上匈牙利紅椒粉12g混合而成的香料粉代替。

1 將羊肩胛肉解凍，用溫熱水清洗數次，洗去血水、脂肪與異味。

2 沙拉油倒入鍋中熱鍋，加進材料A拌炒。炒出香氣之後，加進生薑大蒜泥與紅洋蔥糊一起拌炒。待整體融為一體，加入材料B進一步拌炒。

3 待油浮上表面後，加進步驟1拌炒，讓辛香調味料充分裹覆到肉上面。

4 加進水與去皮整顆番茄並煮至沸騰後，轉為小火繼續燉煮2個小時以上，直至羊肉變得軟嫩。

5 加進香菜再煮5分鐘。接著加入優格與濃味葛拉姆馬薩拉，再次煮滾以後，盛裝到深盤裡面。

P.175

Lamb Green Kurma
（羊肉椰香綠咖哩）

Erick South Masala Diner

［易於製作的分量］

小羔羊腿肉…500g
沙拉油…30ml

A
┌ 綠豆蔻（整粒）…5粒
│ 丁香（整粒）…5粒
│ 肉桂棒…2根3cm長
└ 月桂葉…5片

生薑大蒜泥…30g
紅洋蔥湖…100g

B
┌ 香菜粉…5g
│ 孜然粉…5g
│ 薑黃粉…2g
│ 自製葛拉姆馬薩拉香料粉＊…2g
│ 鹽巴…7g
└ 水…200ml

綠咖哩醬
香菜…40g
乾燥薄荷…2g
綠辣椒（生）…4g
鹽巴…3g
椰子粉…40g
水…160ml
優格…120g
番茄、薄荷、印度麥餅（Chapati）（省略解說）
　…各適量

＊可用市售葛拉姆馬薩拉4g代替。

1　將羊腿肉解凍，用溫熱水清洗數次，洗去血水、脂肪與異味。

2　沙拉油倒入鍋中熱鍋，加進材料A拌炒。炒出香氣之後，加進生薑大蒜泥與紅洋蔥糊一起拌炒至融為一體。

3　加入事先充分調合均勻的材料B拌炒均勻。待整體調合在一起後，加進步驟1拌炒，讓辛香調味料充分裹覆到肉上面。翻炒至羊肉變色以後，將水加進鍋中，繼續燉煮大約1個小時，直至羊肉變得軟嫩

4　綠咖哩醬的材料以果汁機攪打成泥糊狀。

5　步驟4加進步驟3裡面，稍微熬煮至整體呈現濃稠狀。盛放到深盤裡面。點綴上番茄與薄荷，佐附上印度麥餅。

P.175

羊絞肉Curry

酒坊主

［7人分］

巴斯馬提米（Basmati）…適量
洋蔥（切成粗末）…1/2顆
沙拉油…4大匙

A
┌ 乾辣椒（整根）…1根
│ 小豆蔻（整粒）…5粒
│ 芥菜籽…1/2小匙
│ 大蒜（磨成泥）…1/2大匙
└ 生薑（磨成泥）…1大匙

去皮切丁番茄罐頭…1罐
成羊絞肉…500g

B
┌ 香菜籽…1大匙
│ 顆粒黑胡椒…1/2大匙
│ 芥菜籽…1小匙
│ 孜然籽…1小匙
│ 小豆蔻（整粒）…6粒
└ 卡宴辣椒粉…1/2小匙

櫛瓜（切成丁狀）…2條
現擠檸檬汁…1～2顆的分量
水…300ml
鹽巴、濃口醬油…各適量

1　巴斯馬提米加上略少一點的水量，放入電子鍋中，以炊煮白米飯的功能煮出白米飯。

2　洋蔥用沙拉油拌炒至稍微呈現淺褐色。加進材料A繼續拌炒，拌炒至均勻混合之後，倒入去皮切丁番茄，接著拌炒至整體融為一體。

3　將羊絞肉平鋪到鐵製平底鍋中，開火香煎至表面焦香，再依喜好的肉末塊大小拌炒攪散。

4　步驟2與步驟3放入另一只鍋中一起拌炒，加進材料B拌炒均勻。加水煮至沸騰，加進櫛瓜繼續燉煮大約5分鐘。以少許鹽巴與醬油、檸檬汁調整味道。

5　步驟1與步驟4分別盛放到容器之中。

拌炒

[第6章]

—

爆胡

（伊斯蘭教風 爆炒羊肉）

中国菜 火ノ鳥

這是一道伊斯蘭教徒在鐵板上面調理的路邊攤料理。用火力十分強的大火翻炒，在1～2分鐘的短時間內烹煮完成。約莫在1980年前被稱為「爆焦」，是在以木柴生火的大鐵板上面加熱拌炒。 ［**食譜→ P.187**］

饢包肉
（維吾爾羊肉澆餅）

南方中華料理 南三

饢是維吾爾族的麵包。通常會作為一
種食材，和其他材料一起拌炒，或是
分切成易於食用的大小擺放到盤中，
澆淋上羊肉炒蔬菜。吸收了鮮美湯汁
的饢風味顯得更有深度。

[食譜→ P.182]

小羊肉乾
炒新馬鈴薯

Matsushima

將薄切羊肉浸泡於醃肉醬汁之中，風
乾之後製作成羊肉乾（Jerky），將羊
肉的鮮甜風味鎖在裡面。從拌炒至酥
脆的羊肉乾之中釋放出來的鮮美滋
味，和溫熱鬆軟的馬鈴薯、芳香的香
菜尤為對味。 [食譜→ P.183]

饢包肉
（維吾爾羊肉澆餅）

南方中華料理 南三

饢餅

［11個分］
高筋麵粉…250g
低筋麵粉…250g
速發乾酵母…5g
泡打粉…2g
水…200ml
全蛋…90g
牛奶…60ml
上白糖…15g
鹽巴…10g
白芝麻…適量

最後步驟

小羔羊肋排（切成大塊狀）…200g

A ┌ 鹽巴…1小匙
　├ 胡椒…1小匙
　└ 孜然粉…1小匙

馬鈴薯（切成扇形塊狀）…1顆的分量
青椒（切成扇形塊狀）…1個的分量
紅色甜椒（切成扇形塊狀）…1個的分量

B ┌ 花生油…2大匙
　├ 大蒜（切成末）…1大匙
　├ 洋蔥（切成末）…適量
　├ 孜然籽…1大匙
　├ 香辣醬*…1大匙
　└ 番茄（切成1cm丁狀）…1顆的分量

C ┌ 啤酒…200ml
　├ 番茄醬…1大匙
　├ 蠔油…1大匙
　└ 老抽王（中國熟成濃醬油）…1大匙

＊在豆瓣醬裡面加入花椒或八角等辛香料所調製而成的，又辣又香的調味料。

饢餅

1　高筋麵粉、低筋麵粉、速發乾酵母、泡打粉混合在一起並且過篩，加進剩餘的食材，充分混拌揉捏均勻。覆蓋上打濕以後用力擰乾的布，置於常溫之中靜置30分鐘。

2　以1個80g為單位進行分割，擀開成邊緣比中間更厚的圓餅狀。在表面薄薄塗上一層花生油，撒上白芝麻。

3　以250℃的烤箱烘烤5～10分鐘。

最後步驟

1　羊肋排撒上材料A靜置片刻，讓調味醃漬入味。

2　用已經倒好油（分量外）的中式炒鍋，將步驟1的表面煎至焦香上色後取出。馬鈴薯、青椒與紅色甜椒，分別過油爆炒後取出。

3　由上而下依序將材料B加進中式炒鍋之中拌炒。接著加入材料C煮至沸騰。

4　將步驟2的羊肋排加進步驟3裡，燉煮5～10分鐘。最後再加進步驟2的蔬菜，以鹽巴調整味道。

5　饢直接入鍋油炸後，一同盛放到盤中。

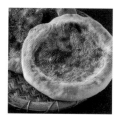

維吾爾族的麵包——饢。「在氣候乾燥的新疆維吾爾地區，人們會將饢作為一種食材，加進去和湯汁較多的拌炒料理一同烹煮，或是切成比較容易吃的大小以後，在上面淋上拌炒料理，讓它充分吸收湯汁之後再來享用。」（水岡先生）。

小羊肉乾
炒新馬鈴薯

Matsushima

［2〜3人分］

小羔羊肩胛肉…100g

A
- 乾煎辣椒*¹…5g
- 大蒜（切成末）…5g
- 芝麻油…40g
- 濃口醬油…100g
- 上白糖…5g
- 水…40ml
- 孜然粉…少許

新馬鈴薯※…1顆

B
- 香菜的莖（切碎）…適量
- 長蔥（切成5mm丁狀）…適量
- 生薑（切成末）…適量
- 乾煎辣椒*¹…適量

老酒…適量

C
- 鹽巴…適量
- 孜然粉…適量
- 炒白芝麻…適量
- 黑胡椒…少許

酥炸辣椒*²…適量
花生油…適量

＊1　將乾辣椒乾煎之後，再進行研磨而成。
＊2　將比較不辣的大型乾辣椒油炸至香酥，經過調味以後的零嘴小吃。

※譯註：剛採收不久的春季新鮮馬鈴薯。

1　製作小羊肉乾。
　①羊肩胛肉分切成1mm厚的肉片，浸泡到材料A裡面，放到冷藏室中靜置2天。
　②將網篩或網架擺到調理盤裡面，再將肉平鋪到網篩或網架上（a），置於通風良好之處風乾2〜4天。

2　將小羊肉乾（b）以炭火慢火烘烤，稍微放涼。

3　新馬鈴薯切成易於食用的大小，直接以150℃的花生油酥炸。

4　中式炒鍋倒入花生油熱鍋，加入材料B拌炒。炒出香氣之後，沿著鍋邊倒入老酒並晃動鍋子，加進步驟2與步驟3。接著加入材料C調整味道。材料C鹽巴、孜然粉、白芝麻的調配比例大約為1：5：5。黑胡椒少許，用來增添些許辛辣風味。酥炸辣椒也加進鍋中大致拌炒，盛放到盤子裡面。

CHINA

—

蔥爆羊肉
（ラム肉と長葱の塩炒め）

羊香味坊

將羊肩胛里肌肉肉脂肪較少且肉質較為
柔嫩的部位，和長蔥一起用大火快速
拌炒。調味方面僅簡單地使用鹽巴進
行調味，讓人們能夠直接品嚐到羊肉
與長蔥之間尤為對味的好滋味。

[食譜→ P.186]

CHINA
—

孜然炒羊肉
（ラム肉のクミン炒め）

羊香味坊

用孜然這種和羊肉十分對味，在很多
國之間也經常會用來烹煮羊肉的香
料，拌炒羊肉烹調而成的料理。這道
料理選用的羊肉，肉質和蔥爆羊肉相
反，使用的是部位中脂肪和筋較多的
部分，呈現出較為豪邁的分量感。

［食譜→ P.186］

CHINA
—

山椒炒羊肉
（ラム肉山椒炒め）

羊香味坊

將輕輕拍上一層粉之後過油爆炒過的
羊肉，與花椒一起拌炒。酥脆麵衣的
口感、西洋芹清香的風味、羊脂本身
的鮮甜滋味，再搭配上山椒的香氣，
堪稱是一道充盈著美味香氣的料理。

［食譜→ P.187］

P.184

蔥爆羊肉
（ラム肉と長葱の塩炒め）
羊香味坊

［2人分］

小羔羊肩胛脢里肌肉…200g
長蔥…10cm的分量
A ┌ 鹽巴、胡椒…各少許
　├ 蛋白…1顆的分量
　└ 日本太白粉…1小匙
生薑（切成絲）…1/4小塊的分量
B ┌ 鹽巴…2小撮
　├ 胡椒…少許
　└ 紹興酒…少許
沙拉油…15ml

1　羊肩胛脢里肌肉分切成略有厚度的肉片。長蔥以2cm的長度斜向分切，撥散以後置於一旁備用。

2　肉片放入調理盆中，加入材料A之後用手抓醃均勻。

3　中式炒鍋開大火乾燒，倒入大約2杯的油，晃動鍋子讓鍋內均勻覆上一層油之後，將油倒出（炙鍋）。

4　步驟3的鍋中倒油至快要可以蓋過肉片的量，開中火，放入步驟2的肉片，用湯勺將肉片炒散，翻炒至肉片炒熟（過油）。待肉片整體都翻炒至呈現白色後，將肉片自鍋中取出，倒掉鍋中的油。

5　步驟4的鍋子開中強火，倒入分量中的沙拉油加熱。放入長蔥爆香，待整體都裹上油後，步驟4的肉片倒回鍋中大致翻炒。以材料B調整味道，快速翻炒均勻之後，盛放到盤子之中。

P.185

孜然炒羊肉
（ラム肉のクミン炒め）
羊香味坊

［1人分］

小羔羊肩胛脢里肌肉…120g
洋蔥…25g
日本太白粉…適量
A ┌ 鹽巴…0.5g
　├ 雞高湯粉…0.5g
　├ 熟辣椒粉＊…1g
　├ 白芝麻…1g
　└ 孜然籽…2g
香菜（切成末）…10g
沙拉油…適量

＊將乾辣椒乾煎之後，再研磨成粉狀而成。

1　羊肩胛脢里肌肉分切成略有厚度的肉片。洋蔥切成扇形塊狀，撥散以後置於一旁備用。

2　肉片放入調理盆中，薄薄抹上一層日本太白粉。

3　炒鍋經過炙鍋程序之後，放入肉片拌炒過油再取出（參閱左記「蔥爆羊肉」）。

4　步驟3的鍋子開中強火並倒入沙拉油熱鍋，放入洋蔥稍微拌炒，待整體都裹上油後，將步驟3的肉片倒回鍋中大致翻炒。依序加入材料A並且每加一項都拌炒均勻。加入香菜快速翻炒均勻，盛放到盤子裡面。

P.185

山椒炒羊肉

（ラム肉山椒炒め）

羊香味坊

［2人分］

小羔羊肩胛里肌肉…160g
醃肉醬（醃泡汁）
　洋蔥（切成末）…10g
　雞蛋（蛋液）…1顆的分量
　鹽巴…少許
日本太白粉…適量
洋蔥（切成1～2cm的丁狀）…30g
西洋芹（切成1～2cm的丁狀）…25g
A
　鹽巴…2g
　雞高湯粉…3g
　花椒粉…1g
　熟辣椒粉（參閱左頁）…2g

1　羊肩胛里肌肉分切成2～3cm丁狀。將醃肉醬的材料混合在一起，將肉醃泡於其中大約30分鐘。將肉取出去掉水分，薄薄抹上一層日本太白粉。

2　炒鍋經過炙鍋程序之後，放入肉塊拌炒過油再取出（參閱左記「蔥爆羊肉」）。

3　步驟2的鍋子開中強火，將步驟2的肉塊倒回鍋中稍微翻炒。接著加進洋蔥與西洋芹一起拌炒大約20秒鐘。

4　加進材料**A**之後，繼續拌炒10秒鐘，盛放到盤子裡面。

P.180

爆胡

（伊斯蘭教風 爆炒羊肉）

中国菜 火ノ鳥

［2人分］

小羔羊里肌肉片（5mm厚）…150g
長蔥…8cm的分量
韭菜花…40g
大豆白絞油…20ml
生薑（切成絲）…1小塊的分量
濃口醬油…15ml
紹興酒…10ml
蝦油*[1]…10ml
鹽巴…適量

＊1　用大豆白絞油100g稍微拌炒香氣四溢的蝦醬100g。若是翻動得太勤，會導致蝦醬溶入大豆油裡面，所以加熱時不需要怎麼去翻動，讓蝦醬的香氣滲入達豆油裡面。整個倒入容器之中，只使用上面的澄清大豆油。

1　在里肌肉上面稍微撒上鹽巴。長蔥斜切成4cm長的薄絲。韭菜花切成5cm長的段狀。

2　在中式炒鍋中倒油熱鍋，開大火，將步驟1的肉片攤入鍋中。

3　當肉片單面香煎至焦香上色後，用鍋鏟將肉上下翻面。將生薑、長蔥、韭菜花鋪放到肉片上面，待肉片的另一面也煎到焦香上色之後，連同肉一起頻繁地上下翻炒，將蔥炒熟。

4　加進濃口醬油、紹興酒、蝦油，開大火爆炒後，盛放到盤子裡面。大火快炒的時間合計約1～1分半左右，炒好以後立刻離火，盛裝入盤。

蒸・煮

［第7章］

扒羊肉條

（燜蒸羊肉）

中国菜 火ノ鳥

這道料理是，已經在北京開店超過100年以上的知名老字號餐廳「東來順」的招牌菜之一。將小羔羊肋排上面的脂肪燉煮至入口即化的程度。在當地會使用成羊進行烹煮，所以風味會較為濃郁一點。 ［食譜→ P.190］

P.189

扒羊肉條
（燜蒸羊肉）

中国菜 火ノ鳥

［1人分］

小羔羊的肋骨肉*…4根肋骨的分量
大豆白絞油…適量
長蔥（長4cm）…3段
生薑（切成5mm厚的片狀）…2片
八角…2粒
濃口醬油…20ml
紹興酒…20ml
雞高湯（省略解說）…200ml
以水溶開的日本太白粉…適量

＊使用肋骨尾端（肚腹一側）周邊的肉。

1　湯鍋之中加水並放入長蔥、生薑與花椒（分量外）煮至
　　沸騰，再將剔除掉肋骨的整塊肋骨肉放入湯鍋中，煮滾
　　之後撈除浮沫。開小火慢火燉煮，將瘦肉的部分烹煮至
　　略為乾柴的程度。

2　將肉自鍋中取出，覆蓋上保鮮膜後放涼。以接近1cm
　　的厚度進行分切。

3　中式炒鍋中倒入大豆白絞油熱鍋，放入長蔥翻炒爆香。
　　拌炒至長蔥表面微焦之後，將火略為轉小，加入生薑與
　　八角拌炒。倒入醬油稍微焦翻炒，接著再倒入紹興酒與雞
　　高湯煮至沸騰，將步驟2加入鍋中。

4　烹煮至沸騰之後，提起中式炒鍋整個離火。將鍋中食材
　　移到調理碗中，覆蓋上保鮮膜，大約燜蒸20分鐘。

5　撈除湯汁中的調味佐料，將肉盛放到容器之中。湯汁倒
　　入中式炒鍋裡面，酌量添加雞高湯、濃口醬油與紹興酒
　　調整味道。加入以水溶開的日本太白粉增添濃稠度，再
　　淋到羊肉上面。

P.192

內蒙古手把羊肉
SHILINGOL

［40人分］

帶骨成羊*¹…約10kg（1/3隻）
水…適量
鹽巴*²…適量
特製沾醬*³…適量

＊1　採購一整隻4歲大的冷凍成羊（去掉頭與內臟等部
位，約35kg），於店內進行部位分割之後再做使用。
＊2　使用產自中國內蒙古自治區，吉蘭泰鹽湖的岩鹽
（粉末）。
＊3　大蒜1整顆切成末、濃口醬油300g、穀物醋50g、
辣椒油適量、芝麻油少許與紹興酒少許混合在一起。

1　冷凍成羊進行半解凍，將羊腿肉以外的部分，在帶骨的
　　狀態下分割成一塊200〜300g的帶骨羊肉塊。

2　將大約10kg的步驟1帶骨羊肉塊放入圓桶深鍋之中，
　　加水至快要蓋過帶骨羊肉塊。

3　加入鹽巴（水與鹽巴為5L比2大匙的比例），蓋上鍋蓋
　　以後轉為大火。不撈除浮沫，直接燙煮1個小時半〜2
　　個小時。

4　供應前，用煮肉湯汁重新加熱，以一盤400〜500g的
　　分量盛盤。羊肉部位為隨機供應，但可以盡可能因應顧
　　客的要求盛裝。佐附上岩鹽（分量外）與特製沾醬。

P.193

手扒羊肉
（氽燙羊肉）

羊香味坊

［6～7人分］

A
- 小羔羊的後腳羊腱肉（帶骨）⋯1隻（約800g）
- 生薑（整塊）⋯30g
- 香菜⋯10g
- 鹽巴⋯少許

大蒜醬*、芝麻醬、芝麻碎⋯各適量

＊大蒜（磨成泥）3瓣的分量加入鹽巴混合均勻。

1 材料A放入大鍋之中，加水至快要蓋過鍋內食材，烹煮至沸騰。

2 將火力轉小到不至於讓鍋中的煮肉湯汁沸騰的程度，燙煮40分鐘。供應前再以煮肉湯汁，將肉重新加熱。

3 自煮肉湯汁中取出步驟2的肉，趁熱盛放於盤子裡面，附上香菜。將大蒜醬、芝麻醬、芝麻碎分別盛裝到醬料碟之中，和羊肉一起供應。

自左起，分別為芝麻醬、
大蒜醬、芝麻碎。可依喜
好沾取享用。

MONGOLIA
—

內蒙古手把羊肉
SHILINGOL

直接用刀子從鹽水煮過的帶骨羊肉塊
上面將肉割下來吃。是蒙古相當具代
表性的一種羊肉料理。用牧草飼養出
來的紐西蘭產成羊沒有什麼異味，嚐
起來和蒙古的羊隻味道較為接近。

［食譜→ P.190］

手扒羊肉

（汆燙羊肉）

羊香味坊

將燙煮過的整隻帶骨羊腳盛盤上桌的豪邁料理。羊肉燉煮到輕輕一咬就能咬下的鬆散軟嫩程度，佐附上風味香甜濃醇的芝麻醬、香氣四溢的芝麻，還有同時兼具辛辣風味與甜味的大蒜醬。［食譜→ P.191］

羊肉版義式熟火腿
生菜沙拉

TISCALI

羊腿用鹽水醃漬，放入大量熱水與稻稈，
用餘熱煮成火腿，稻稈馥郁的香氣營造出
細微的醃燻香。

[店內準備的供應量]

羊肉版義式熟火腿
　　小羔羊腿肉（整塊）…1kg
　　鹽水（濃度8%）…適量
　　稻稈…適量
略帶苦味的葉菜類蔬菜
　　（苦苣、義大利紅菊苣、紅葉萵苣、羽衣紅芥菜等）
　　…各適量
鹽巴、橄欖油、佩科里諾起司、黑胡椒…適量

為了讓香味附著，採用義大利料理的手法，將肉
隨稻稈一起煮，並把麥稈整理成稻稈。

1　製作羊肉版義式熟火腿（Prosciutto cotto）。
　　①小羔羊腿肉和鹽水一起放入密封袋中，放進冷藏室
　　　中冷藏一天醃漬入味。
　　②鍋中倒入足量的水煮至沸騰，放進稻稈之後再次煮
　　　至沸騰。取出步驟①裡的羊肉加進鍋中，立刻關
　　　火，直到熱水冷卻為止都浸泡在裡面。

2　將羊肉版義式熟火腿分切成肉片（1人分80g）。

3　將略帶苦味的數種葉菜類蔬菜切成容易食用的長度，混
　　合在一起，盛放到盤子裡，淋覆上調和了鹽巴的鹽味橄
　　欖油。在上面擺上步驟2，撒上現刨起司絲與現磨黑胡
　　椒。

成吉思汗烤肉品嚐比較各種的優質羊肉

羊SUNRISE 麻布十番店

羊SUNRISE用成吉思汗烤羊肉的調理方式，讓顧客品嚐比較日本國內外的優質羊肉，並以這樣的供應方式博得高人氣。為了能夠細細品味出羊肉既有味道的不同，燒烤時先不做任何調味，而是在烤好以後，簡單地撒上鹽巴或是沾取醬油基底調製而成的沾醬享用。烹烤時在烤盤邊緣擺上來源考究的大量日本國產蔬菜，例如切成大塊的洋蔥或蓮藕等。藉由流淌下來的羊脂燒烤蔬菜，接著再品嚐這些蔬菜，就能夠毫不浪費地完整享用到羊肉的鮮甜美味。店內選用的羊肉品項，是店主關澤波留人先生親自到日本全國與海外察訪，經過嚴格篩選出來的生產者所生產的羊隻。經常備有5～6個種類，依據部位與肉質進行分切再做供應。此處將介紹在有所堅持下精挑細選出來的菜單的其中一部分。關於羊肉部位的分切技巧則由總料理長佐佐木力先生為大家進行指導。

北海道・足寄產的
腿肉與里肌肉

石田綿羊牧場為北海道知名綿羊農戶之
一而聲名遠播，此處選用其所產的小羔
羊腿肉與里肌肉，仔細地進行分切處理
再做盛盤。該牧場主要飼育的是南丘綿
羊種，據說是肉用品種之中肉質最為優
質的品種羊。在這道拼盤之中，既能夠
享用到肉質柔嫩且具濃郁鮮味的瘦肉，
亦可品享到無異味且富含羊肉香氣的羊
脂。

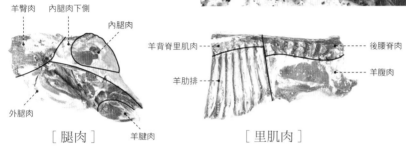

[腿肉]　　　　　　　　[里肌肉]

羊臀肉　內腿肉下側　內腿肉　外腿肉　羊腱肉　羊背脊里肌肉　後腰脊肉　羊肋排　羊腹肉

岩手縣・江刺產的
腿肉與肩胛里肌肉

岩手縣奧州市江刺區樫川地區的農戶組
織在一起飼育出貨的小羔羊。該地區位
處高齡者眾多的偏遠山區，為增加遊憩
用農地與休耕地的除草，以及區域的活
躍化而於1996年開始著手飼養綿羊。圈
養的綿羊品種為薩福克羊種與柯利黛羊
種。由小規模農戶共同兼營，精心照料
數量較少的羊隻。其特色在於風味相當
溫和。

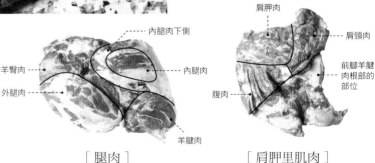

[腿肉]　　　　　　　　[肩胛里肌肉]

羊臀肉　外腿肉　內腿肉下側　內腿肉　羊腱肉　肩胛肉　肩頸肉　前腳羊腱肉根部的部位　腹肉

澳洲產的
小羔羊腿肉

產於南澳州的牧草飼（Pasture Fed）小羔羊。
所謂的牧草飼養，便是使用營養價值比一般綠
草還要高上許多的牧草進行餵養。餵以三葉草
或紫花苜蓿等豆科植物，以及黑麥草等禾本科
植物的牧草，營養均衡地餵養培育。是店主關
澤先生親自至澳洲視察，每日三餐不間斷地細
究品嚐不同產地、不同飼養方法養出來的羊之
後，由衷覺得最為美味的羊肉。其特色在於雖
是澳洲羊肉，但仍有恰到好處的脂肪分布於其
中。由於肉質柔嫩，若未除去薄膜，便很容易
殘留於口中，所以必須要先剔除乾淨，再行分
切。

澳洲產的
成羊里肌肉

此處的成羊跟小羔羊同樣都是牧草飼羊。雖然
一般大眾往往都會覺得成羊帶有強烈的羊騷
味，不過這裡的成羊沒有太強烈的異味，反而
還給人一種帶有濃郁鮮味的感覺。此外，其肉
質也柔嫩得不像是成羊該有的肉質。通常大多
數的成羊脂肪含量都比較少，但是以牧草飼養
出來的羊隻，即便是成羊也有漂亮的油花分布
於其中。這樣的脂肪風味純淨且不易導致胃
脹，恰到好處地留下一部分之後再做分切。在
一整塊全羊帶骨背脊肉的狀態下進貨，到了店
內再進行分割處理，既有助於保持新鮮度，又
能以較為實惠的價格購得。

將足寄產的腿肉
分切成肉片

將羊腿肉分切成羊腱肉、內腿肉、外腿肉、內腿肉下側與羊臀肉。羊腱肉有著較為濃郁的鮮甜滋味，但肉質也相對較硬一點，所以用於製作燉煮料理。內腿肉的肉質鮮嫩且有油花分布於其中。外腿肉則有著結實的肌肉。內腿肉下側是肉質柔嫩的瘦肉。羊臀肉有著濃郁的鮮甜風味，油花也分布得很確實。

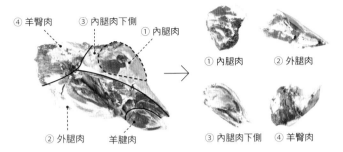

④ 羊臀肉　③ 內腿肉下側　① 內腿肉

② 外腿肉　　羊腱肉

① 內腿肉　　② 外腿肉

③ 內腿肉下側　④ 羊臀肉

1 內腿肉擺放到靠近自己的一側。割開將內腿肉與羊臀肉相連在一起的筋。

2 割開脂肪與筋，從腿肉上面將內腿肉切下來。

3 羊腱肉擺放到靠左一側。割開羊腱肉連接膝關節根部的筋。順著羊腱肉劃入刀子，割開筋與膜，從腿肉上面將羊腱肉切下來。

4 抓起內腿肉下側的一端，將刀子劃入內腿肉下側與外腿肉之間（虛線處），將肉割開。

5 從腿肉的根部一側開始下刀。

6 割開來的樣子。下側是外腿肉。用手抓著的部分則是連著內腿肉下側的羊臀肉。

7 將內腿肉下側與羊臀肉分切開來。先用手抓起內腿肉下側，割下內腿肉下側與羊臀肉之間相連的粗筋。割下筋與膜的同時，慢慢地將內腿肉下側切下來。

8 將內腿肉分切成肉片。由於內腿肉有幾塊肉上面都附有筋膜，所以沿著筋膜劃入刀子，取下一塊內腿肉。

9 讓刀子與肉的纖維紋理呈垂直狀，稍微斜斜地切成肉片狀。在分切時切斷纖維，就能切出柔嫩而易於食用的羊腿肉片。

將足寄產的里肌肉
分切成肉片

採購屠體狀態下的羊肉，分割成大塊狀再進行保存。此處為羊隻前半身的軀幹，處於肋骨已先剔除，但背脊里肌肉與後腰脊肉、去骨肋排肉、羊腹肉仍舊相連的狀態。依部位粗略分切成背脊里肌肉、後腰脊肉、去骨肋排肉、羊腹肉，分切成肉片之後再做供應。切斷每片肉片上面的筋，就能夠讓顧客品嚐到狀態最佳的羊肉。

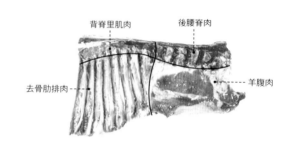

背脊里肌肉　　　後腰脊肉

去骨肋排肉　　　　　　　羊腹肉

1　將背脊肉擺放到靠近自己的一側。在後腰脊肉略下方的部位直線下刀分切。

2　分切後腰脊肉與背脊里肌肉。留有肋骨痕跡的部分為背脊里肌肉，沒有肋骨痕跡的部分則為後腰脊肉。

3　背脊里肌肉的脂肪一側朝上擺放。表層的脂肪會有皮殘留或有血浮現，一邊輕拉一邊將其薄薄割除。

4　分切成厚2～3mm的肉片。

5　將殘留在背脊骨一側邊緣的筋切除。

6　脂肪過多的時候，可以切除多餘的脂肪。

7　分三處下刀將筋切斷。若是不進行這個步驟，肉會在燒烤的時候蜷縮起來，進而導致肉片受熱不均。

酥炸

[第 8 章]

袈裟羊肉
（酥炸蛋皮夾羊肉餡）

中国菜 火ノ鳥

用兩片薄煎蛋皮將羊肉餡夾在中間，接著再分切成菱形狀之後直接油炸。切成菱形是為了讓外觀看起來形似僧侶所穿著的黃色袈裟。食用時可依個人喜好沾取花椒鹽享用。

[4人分]

小羔羊肩胛里肌肉…100g
日本薯蕷…30g
生薑…15g
A ┌ 鹽巴…1小撮
  │ 花椒水*¹…1大匙
  │ 沉澱日本太白粉*²
  └ …1/2大匙
全蛋…2顆+適量
沉澱日本太白粉…適量
花椒鹽*³…適量
鹽巴、日本太白粉、
　大豆白絞油…適量

＊1　花椒10g放入水100ml裡面，靜置1天。
過濾出液體來做使用。
＊2　日本太白粉加水之後靜置約2個小時，
倒掉上方澄清的水，只使用沉澱於下方的部
分。
＊3　由鹽巴50g加上花椒（研磨過的）20g
混合而成。

1 羊肩胛里肌肉剁成粗絞肉，用菜刀剁至絞肉出現黏性。日本薯蕷削去外皮，切成3mm的丁狀，生薑切成末，一起加進去混拌均勻。

2 材料A加進步驟1裡面，用手進一步揉拌至肉餡成團。

3 將全蛋（2顆）打散成蛋液，加進1小撮的鹽巴與沉澱日本太白粉10g，整體攪拌均勻。

4 在直徑26～27cm的平底鍋中倒入薄薄的一層油，分次倒入一半的步驟3攤平，煎出兩片蛋皮。

5 全蛋（適量）打散成蛋液，與等量的日本太白粉混合在一起，均勻塗抹在其中一片薄煎蛋皮的單面，將步驟2舀到蛋皮上面鋪平。

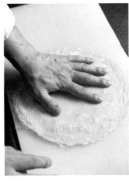

6 另一片薄煎蛋皮的單面同樣也均勻塗抹上步驟5的蛋液，將塗抹上蛋液的一面朝下覆蓋到步驟5的羊絞肉上面。

7 覆蓋上保鮮膜，放入冷藏室中靜置1～2個小時，讓味道調和穩定下來。

8 以160℃～170℃的熱油酥炸1～2分鐘，直至雙面金黃上色。

—

酥炸帶骨小羔羊排

TISCALI

剔去帶骨小羔羊排的脂肪與上蓋肉，
再裹覆麵衣進行油炸。若有脂肪殘
留，羊的特殊氣味就會燜在麵衣裡
面，所以關鍵在於要將帶骨小羔羊排
修清乾淨。麵包粉磨得較細，會讓口
感顯得更為極品。

［1人分］

小羔羊背脊里肌肉（帶骨）…2根肋骨的分量
高筋麵粉、蛋液、麵包粉、油炸用油…各適量
苦苣…適量
香料美乃滋＊…適量

＊在美乃滋裡面添加青海苔、白胡椒、
白芝麻、茴香粉、孜然粉之後混合而
成。

1　分切出帶骨羊背脊里肌肉（參閱P.96～97），把筋切
　　掉（a）。

2　用刀背錘打步驟1的每一面肉（b），將肉的纖維錘打
　　得鬆弛柔軟。撒上鹽巴（分量外）。

3　依序沾裹上高筋麵粉、蛋液、麵包粉。麵包粉可依喜好
　　選擇粗細程度，亦可在麵包粉裡混入香草與起司。

4　用指尖稍微用力壓在肉上面將肉壓扁，暫且將肉的纖維
　　壓鬆，再用雙手用力從肉的側面壓握整形成厚片狀
　　（c）。

5　以180℃的油炸用油酥炸步驟4。待麵衣上面冒出的氣
　　泡變得細小時，暫時將其撈出。

6　瀝去油分，靜置2分鐘。在這個階段試著用手指按壓，
　　會呈現出有回彈的彈性，中間為一分熟的狀態。

7　以180℃的油炸用油再次油炸。待麵衣油炸至表面焦香
　　上色以後從油中撈出，瀝去油分（d）。

8　和苦苣一起盛放到容器之中。依照喜好佐附上香料美乃
　　滋。

FRANCE
—

香炸小羔羊排

BOLT

帶骨小羔羊排整塊包裹麵衣，油炸成炸肉排（Cutlet）。加熱至中央鮮嫩多汁的淡粉色澤。搭配上帶著辛辣滋味的美乃滋醬汁與新生薑莎莎醬，讓整道料理嚐起來更顯清爽可口。

[食譜→ P.208]

CHINA

它似蜜
（酸甜味噌炒羊肉）

中国菜 火ノ鳥

在塗覆上自製甜麵醬的羊肉上面撒上日本太白粉之後油炸，再裹上一層酸酸甜甜的醬油醬汁。料理名稱據說來自於慈禧太后用膳後賜名為「它似蜜」。這道料理在北京是清真料理店的經典料理。〔食譜→ P.209〕

MODERN CUISINE

小羊內臟
可樂餅

Hiroya

將邊角肉與羊內臟揉搓成團以後，製作成可樂餅。將羊肝與腎臟作為增添黏稠度的材料細細剁碎，再加進粗略剁碎的心臟為口感增添變化。藉由山椒粒與嫩薑帶出小羊溫和的羊肉香氣。〔食譜→ P.209〕

P.206

香炸小羔羊排

BOLT

香炸小羔羊排

小羔羊背脊肉（帶骨）…150g（2根肋骨的分量）

鹽巴…適量

A
- 大蒜粉…掏耳勺1勺分
- 四香粉…掏耳勺1勺分
- 黑胡椒…各適量

麵粉、蛋液、玉米片（大致揉碎）…各適量

油炸用油…適量

嫩薑小黃瓜番茄莎莎醬

醋醃嫩薑*1…尖尖的1小匙

綠辣椒（生）…1根

小黃瓜…1/3條

小番茄…5顆

B
- 魚露…1/2小匙
- E.V.橄欖油…2小匙
- 檸檬汁…1/2小匙
- 辣椒醬（Hot chilli sauce）（泰國製）…1小匙

Samurai Sauce*2

（下記數字為調配比例）

美乃滋…5

哈里薩辣醬*3…1

番茄醬…1～2

檸檬汁…少許

最後步驟

煙燻片鹽（Maldon製）…適量

＊1　嫩薑400g用蔬菜切片調理器削切成比壽司薑片略厚一點的薄片。汆燙後瀝掉水分去除澀味。將醃泡液（米醋200ml、水200ml、砂糖30g、鹽巴15g、顆粒黑胡椒20粒、月桂葉2片、剝去皮膜的大蒜2瓣、鷹爪辣椒1根）的材料混合在一起，煮至沸騰，再將擦乾水分的嫩薑浸泡到裡面。放進冷藏室裡面醃漬2天。可運用於塔塔醬、炒飯、義大利麵、炊飯等料理之中。

＊2　享用薯條或串燒時沾取的比利時辣味美乃滋醬。

＊3　添加孜然等辛香料的北非辛紅辣椒醬。

香炸小羔羊排

1　背脊肉上留下恰到好處的脂肪，割除多餘的脂肪部分。

2　在背脊肉上面雙面撒上鹽巴。只在留有脂肪的一側抹上材料A。

3　按照順序裹附上麵粉、蛋液、玉米片。

4　以170℃的油炸用油酥炸2分鐘左右，雙面油炸至金黃酥香。瀝去油分的同時，靜置2分鐘左右。

嫩薑小黃瓜番茄莎莎醬

1　醋醃嫩薑與綠辣椒分別切成末。小黃瓜縱向對切並刮除瓜囊，以7～8mm的寬度切片之後，用鹽巴抓醃。小番茄縱向切成4等分。

2　將步驟1混合在一起，用材料B混拌均勻。

Samurai Sauce

1　按照所記載的材料比例調和在一起。

最後步驟

1　將香炸小羔羊排對切成兩半，盛放到盤子裡面。在切面處撒上煙燻片鹽。佐附上嫩薑小黃瓜番茄莎莎醬，在盤子上面淋上Samurai Sauce。

P.207

它似蜜

（酸甜味噌炒羊肉）

中国菜 火ノ鳥

［2人分］

小羔羊里肌肉…80g
自製甜麵醬…20g

A
水…40ml
濃口醬油…20g
砂糖…15g
生薑（切成末）…10g
米醋…15g

日本太白粉、大豆白絞油、
以水溶開的日本太白粉…各適量
可食用花卉（金盞花）…適量

1 里肌肉分切成5mm厚的一口大小。塗抹上自製甜麵醬，均勻撒上日本太白粉。

2 以150℃的熱油（分量外）酥炸之後，瀝去油分。

3 中式炒鍋裡面加進材料A並煮至沸騰後，加進以水溶開的日本太白粉增添濃稠度。

4 步驟2加進步驟3裡面，混拌均勻。盛放到盤子裡面，點綴上可食用花卉。

P.207

小羊內臟可樂餅

Hiroya

［1人分］

未斷奶羔羊的邊角肉
　（羊腹肉、羊肋排周邊的肉）…適量
未斷奶羔羊的內臟
　（肝臟、心臟、腎臟）…適量

A
山椒粒*¹…適量
生薑（切成末）…適量
拌炒至呈現淺褐色的洋蔥…適量

低筋麵粉、蛋液、麵包粉…各適量

B
萬願寺甜辣椒（生・切成末）…適量
燜蒸好的櫛瓜*²（切成末）…適量
番茄（生・切成末）…適量
鹽巴、檸檬汁、E.V.橄欖油…各適量

C
蘿蔔嬰…適量
秋葵（生・切成絲）…適量
生薑（切成絲）…適量
鹽巴、E.V.橄欖油、檸檬汁、黑七味粉…各適量

牛蒡大蒜炸蔬片*³…適量
大蒜糊*⁴…適量

＊1 汆燙數次直至恰到好處地去除掉澀味，瀝去水分後並且冷凍保存的山椒粒。
＊2 鍋中倒入橄欖油，將完整的整顆大蒜、月桂葉放入鍋中加熱，加進整條櫛瓜後，蓋上鍋蓋烹調而成的燜蒸料理。
＊3 牛蒡與大蒜分別切成薄片，油炸至酥脆。
＊4 大蒜帶皮烘烤之後，剝去皮膜。壓碎以後，撒上鹽巴並淋上E.V.橄欖油混合成泥糊狀。

1 將羊腹肉與羊肋排周邊切下來的肉剁碎。肝臟與腎臟細細剁碎，心臟則是粗略剁碎。

2 步驟1與材料A混拌均勻。搓圓成易於食用的大小，依序沾裹上低筋麵粉、蛋液、麵包粉。

3 以170℃的油炸用油（分量外）油炸至內部熟透。

4 材料B放進調理盆中混合在一起。

5 材料C放進另一個調理盆中混合在一起。

6 將步驟4鋪到盤子裡面，依序步驟3與步驟5的順序盛放到上面。於上面擺上牛蒡大蒜炸蔬片，將大蒜糊抹在盤子上面。

麵粉類

[第9章]

羊肉胡椒餅
（台灣羊肉胡椒餅）

南方中華料理 南三

P.211

羊肉胡椒餅
（台灣羊肉胡椒餅）

南方中華料理 南三

以台灣街頭小吃聞名的胡椒餅。用類似饢坑的石窯進行烘烤的烤肉餅。是來自福建省的伊斯蘭教徒所傳入的小吃。雖然現在多半是用豬肉餡來製作，但是原本是用羊肉餡製作的。在裡面包入大量的蔥花。

[約10個的分量]

麵團
A ┌ 速發乾酵母…1大匙
　├ 上白糖…30g
　└ 水…150ml
低筋麵粉…200g
高筋麵粉…100g
泡打粉…1/2小匙
白絞油*1…1小匙
肉餡
小羔羊絞肉…150g
黑胡椒…4g
白胡椒…2g
孜然粉…2g
老抽（中國熟成濃醬油）…1小匙
鮮味調味粉…3g
上白糖…3g
蔥油*2…1小匙
蔥花（切成末）…250g
炒白芝麻…適量

＊1 以菜籽油精製而成油品。
＊2 中式炒鍋中倒入白絞油600ml，加進長蔥的蔥綠部分（切大段）200g、生薑（切成略厚的片狀）50g，開大火。待油溫提高至180℃後，轉為小火，繼續加熱10分鐘直至蔥綠變成褐色。

1 製作麵團。
　① 材料A混合在一起，靜置約10分鐘。
　② 低筋麵粉與高筋麵粉混合在一起過篩，加進步驟1與泡打粉，充分揉拌均勻。
　③ 麵團揉拌成團後，加進白絞油繼續揉拌，再次揉拌成團以後，覆蓋上保鮮膜，靜置於常溫之中發酵30分鐘～1個小時。

2 製作肉餡。
　① 材料全部混合在一起，揉拌至肉餡出現黏性。
　② 放入冷藏室中，靜置30分鐘～1個小時。

3 將肉餡包進麵團裡面。
　① 將麵團以1個40g為單位進行分切，以擀麵棍擀成直徑9cm的圓餅皮狀，並且讓中央略厚於邊緣。
　② 取肉餡15g擺放到步驟①的中間，在上面擺上蔥花25g，捏合收攏開口。
　③ 將包好的胡椒餅逐一排到烤盤之中，覆蓋上打濕以後用力擰乾的布，置於常溫之中靜置大約30分鐘。
　④ 用水將胡椒餅抹濕，撒上炒白芝麻，以220℃的烤箱烘烤大約15分鐘。

P.214

康沃爾肉餡餅
The Royal Scotsman

P.214

起司羊肉餡餅
SHILINGOL

［2人分］

派皮麵團（塔皮）
　高筋麵粉…200g
　鹽巴…1小撮
　豬油…100g
　水…40ml（冰鎮成冰水）
內餡
　橄欖油…適量
　洋蔥（切成末）…1/2顆
　馬鈴薯（切成1cm丁狀）…150g
　蕪菁（切成1cm丁狀）…100g
　小羔羊腿肉（切成1cm丁狀）…100g
　去皮整顆番茄罐頭…250g
　鹽巴、黑胡椒…各適量
蛋液…1顆的分量

1　製作派皮麵團。
　①高筋麵粉與鹽巴放入調理盆中，加進用手撥散的豬
　　油。用手指搗碎豬油的同時，將麵粉揉入豬油裡
　　面，直至整體變成細密的粉末狀，反覆搓揉成鬆散
　　狀態。
　②少量地加水揉拌成團以後，用保鮮膜包覆起來。放
　　入冷藏室中靜置30分鐘以上。

2　製作內餡。
　①鍋中倒入橄欖油並開火，拌炒至洋蔥變得透明。
　②將馬鈴薯、蕪菁、小羔羊腿肉也加進鍋中稍微拌
　　炒，倒入去皮整顆番茄。
　③燉煮至水分收乾，以鹽巴與黑胡椒調整味道。離火
　　靜置冷卻，待熱度大致降溫以後，放入冷藏室中完
　　全冷藏。

3　步驟1分成2等分，分別搓揉成圓球狀，用擀麵棍擀成
　直徑約20cm的圓餅皮狀。將直徑15cm的圓盤倒扣到
　圓餅皮上面，用刀子沿著盤緣割下一個完整的圓形。

4　將內餡包進派皮麵團裡面。
　①取步驟2擺放到步驟3中間，用刷子在邊緣刷上蛋
　　液。將麵皮對折，用手指將邊緣收攏捏合。
　②在邊緣抹上蛋液，將邊緣往回折並捏出摺子，再用
　　手指捏壓摺子，使其進密貼合。
　③用刷子在表面刷上一層蛋液，用竹籤在上面戳開一
　　個洞，以防止麵團在烘烤期間破裂。

5　以190℃的烤箱烘烤大約1個小時。道地的英式品嚐方
　式是冷掉以後再吃，所以會稍微放涼以後再做供應。

［1人分］

麵團（與P.222的「蒙古包子」相同）…120g
羊肉餡（與P.222的「蒙古包子」相同）…60g
起司絲（Shred cheese）…20g
沙拉油…適量

1　將肉餡包進麵團裡面。
　①將麵團擀成厚1cm、直徑10cm的圓餅皮狀。
　②取肉餡擺放到圓餅中央，擺上起司絲。
　③用蒙古包子（P.222）的收攏手法捏合皺褶，包入
　　餡料。
　④在工作台與麵團上面撒上手粉（分量外），用擀麵
　　棍將步驟③擀成厚5mm、直徑15cm的圓餅。

2　平底鍋開中火熱鍋，待鍋中開始冒煙後，倒入1大匙沙
　拉油。加入步驟1，以每30秒翻面一次的程度翻面，將
　雙面烙煎至表面金黃上色。烙煎期間，視狀況所需補足
　沙拉油。

—

康沃爾肉餡餅
The Royal Scotsman

在曾經礦業繁榮的英國康沃爾地區，
為了讓採礦勞動者即便是手髒了也能
拿著食用，將派皮對折並打摺封好餅
皮邊緣，便於礦工將弄髒的邊緣丟
棄。傳統的餡料會使用牛肉、蕪菁等
材料，這裡改用番茄燉羊肉。

[食譜→ P.213]

—

起司羊肉餡餅
SHILINGOL

在用麵粉餅皮包入羊絞肉餡之後進行
烘烤的這道蒙古料理「餡餅」之中，
多費了一點巧思。於添加了蔬菜的羊
肉餡中加進大量的起司，調理出了一
口咬下便會香氣四溢、鮮甜肉汁流淌
的這道料理。 [食譜→ P.213]

AFGHANISTAN

肉醬內餡烤饢

PAO Caravan Sarai

添加了全麥麵粉的饢帶著香氣四溢的小麥風味，有著外層酥脆、內層Q彈有嚼勁的獨特口感。味道簡單且妥善發揮羊肉可口滋味的肉醬，充分帶出了烤饢的鮮甜美味。

［食譜→ P.216］

FRANCE

小羊肩肉
麵包三明治

BOLT

將烹烤到鮮嫩多汁的未斷奶羔羊薄薄切成片，和拉可雷特起司（Raclette）、醃小黃瓜（Cornichon）、酸豆（Capers）一起夾進長棍麵包裡面。和辣味美乃滋十分地對味。

［食譜→ P.216］

P.215

肉醬內餡烤饢

PAO Caravan Sarai

饢餅麵團（25片的分量）
　高筋麵粉…1.4kg
　日本國產全麥麵粉…600g
　速發乾酵母…10g
　鹽巴…50g
　水…1.5L
肉醬（Keema）（店內準備的供應量）
橄欖油…40g
　┌ 洋蔥（切成末）…大型1顆的分量
A │ 生薑（切成末）…30g
　└ 大蒜（切成末）…10g
羊絞肉（成羊肉與小羔羊肉混合絞成）…1kg
　┌ 香菜粉…1小匙
B │ 孜然粉…1小匙
　└ 黑胡椒…1又1/2小匙
　┌ 番茄（切成粗末）…大型1/2顆的分量
C │ 優格…2大匙
　└ 檸檬汁…1/2小匙
鹽巴…適量
沾醬*…適量

＊在番茄醬（P.220）裡加入優格、檸檬汁、
黑胡椒混合而成。

1　製作饢餅麵團。
　① 將所有的材料混合在一起，揉拌均勻。
　② 揉拌成團以後，用保鮮膜包覆起來，在常溫中靜置
　　　40分鐘，進行一次發酵。
　③ 稍微壓平麵團擠出氣體，以1個140g為單位進行分
　　　切並搓成圓球狀，於常溫中靜置10分鐘進行二次發
　　　酵。

2　製作肉醬餡。
　① 橄欖油倒入鍋中熱鍋，加進材料A，拌炒至散發出香
　　　氣。
　② 加進羊絞肉拌炒，加進材料B接著繼續翻炒。
　③ 待炒至香氣四溢後，加進材料C，一邊壓碎番茄一邊
　　　充分拌炒至水分收乾。以鹽巴調整味道。

3　將肉醬餡包進饢餅麵團裡面。
　① 用擀麵棍將面團擀成直徑大約30公分的圓餅皮狀。
　　　取肉醬餡擺放到靠近自己的這半邊，將麵皮對折，
　　　用手指將邊緣捏合。

4　以420℃的烤箱烘烤2分鐘。盛放到盤子裡面，佐附上
　　沾醬。

P.215

小羊肩肉麵包三明治

BOLT

［1人分］

烤未斷奶羔羊肩胛肉（P.75）…100g
長棍麵包…1/2條
E.V.橄欖油…適量
拉可雷特起司（Raclett）（切成片）…30g
醃小黃瓜（Cornichon）（薄切）…2條
酸豆（Capers）（西西里產‧大顆粒）…2～3粒
Samurai Sauce（P.206）…適量

1　烤羊肩胛肉薄切成肉片。

2　將長棍麵包橫向切開，在切面上面灑上E.V.橄欖油。

3　依序將拉可雷特起司、步驟1、醃小黃瓜、酸豆夾到步
　　驟2裡面，在餡料上面淋上Samurai Sauce。

P.218

Shepherd's pie
（小羔羊牧羊人派）
WAKANUI LAMB CHOP BAR JUBAN

［**易於製作的分量**］

小羔羊肩胛肉…1kg

A ┌ 洋蔥（切成末）…1顆的分量
　│ 胡蘿蔔（切成末）…1根的分量
　│ 西洋芹（切成末）…2根的分量
　│ 蘑菇（切成末）…1小袋的分量
　└ 大蒜（切成末）…3瓣的分量

紅酒…100g
去皮整顆番茄罐頭…200g

B ┌ 番茄醬…80g
　│ 伍斯特醬…80g
　└ 肉豆蔻粉…15g

鹽巴、胡椒…各適量
馬鈴薯泥*…適量
起司絲…適量
巴西里（切成末）…適量
沙拉油…適量

＊馬鈴薯500g削去外皮並切成3cm丁狀，以蒸煮器具燜蒸至熟軟。蒸好以後移至鍋中，用搗泥器搗碎。開小火，避免燒焦地一邊適量添加少許牛奶一邊攪拌，加熱至整體呈現滑順狀態。添加肉豆蔻1/2小匙，以及適量的鹽巴與胡椒調整味道。

1　羊肩胛肉用絞肉機絞成粗絞肉。在平底鍋中倒入沙拉油，加進絞肉充分拌炒。將炒好的絞肉取出，瀝去多餘油分。

2　在另一只平底鍋中倒入沙拉油，加入材料A，用小火拌炒至水分收乾。倒入紅酒與去皮整顆番茄，熬煮至酒精揮發且去掉酸味。

3　步驟1與材料B加進步驟2，繼續熬煮至收汁，以鹽巴與胡椒調整味道。

4　耐熱容器中鋪入步驟3直至容器高度的一半，接著鋪上分量幾乎相等的馬鈴薯泥。整體撒上起司絲。

5　以210℃的烤箱烘烤4～5分鐘，直至表面微焦上色。撒上巴西里，趁熱供應。

—

Shepherd's pie
（小羔羊牧羊人派）
WAKANUI LAMB CHOP BAR JUBAN

用羊肉與馬鈴薯製作出來的英國傳統
料理。特別在馬鈴薯泥之中加入了牛
奶，將其烹調得濕潤而奶香四溢，撒
上起司之後再進烤箱烘烤，改良成風
味濃醇的羊肉派。　[**食譜→** P.217]

ITALIA

—

PANADAS
TISCALI

義大利薩丁尼亞地區的鄉土料理。將
蔬菜燉肉包進麵團裡面，進行烘烤。
最開始原本是牧羊人的便當料理。此
處包入的餡料是，捲起來香煎逼出油
脂再燉煮的肋脊皮蓋肉與菇類。

[**食譜→** P.220]

—

阿富汗餃子

PAO Caravan Sarai

Q彈口感的自製餃子皮裡包著羊肉餃子餡的蒸餃料理。內餡不過度揉拌，令口感鬆軟而細緻。藉由添加洋蔥來壓住羊肉的特殊味道，並且只用鹽巴與孜然進行簡單的調味。

[食譜→ P.220]

ITALIA

—

Culurgiones
（薩丁尼亞餃）

TISCALI

若提到義大利薩丁尼亞地區的義大利麵料理，就會想到這道料理。包入的餡料食材包羅萬象，不過在這裡所包入的是馬鈴薯泥與波隆那肉醬。算得上是一道簡單而樸實的家常料理。

[食譜→ P.221]

P.218

PANADAS
TISCALI

P.219

阿富汗餃子
PAO Caravan Sarai

［1個的分量］

麵團…下記製作完成後取80g
　00麵粉…400g
　粗粒小麥粉…100g
　水…190g
　豬油…80g
小羔羊肋脊皮蓋肉＊…100g
杏鮑菇（縱向對半切或切成4等分）…50g
百里香…1枝
羊肉的肉汁清湯（省略解說）…適量
橄欖油、鹽巴…各適量
苦苣等葉菜類蔬菜…適量

＊「油炸用 羊背排的修清方法」（P.96～76）
中切下來的肋脊皮蓋肉部分。

1　製作麵團。
　　①用叉子將材料混合在一起。
　　②混拌成團之後稍微揉合整形，用保鮮膜包覆起來。
　　　夏天放入冷藏室裡、冬天則置於常溫之中靜置30分
　　　鐘。

2　將肋脊皮蓋肉捲成長條狀，使肉的厚度變得一致，用棉
　　繩綁起來。撒上鹽巴，放入熱好的平底鍋之中，把油逼
　　出來的同時，將肉香煎至金黃焦香。

3　步驟2加上鹽巴調味，與杏鮑菇、百里香、橄欖油一起
　　放入燉煮鍋中，加入羊肉的肉汁清湯至大約可以淹過食
　　材，燉煮至羊肉熟透。冷卻之後，將肉與杏鮑菇分別以
　　1.5cm的寬度進行分切。

4　將步驟3包進麵團裡面。
　　①用擀麵棍將麵團大致擀開，用義大利麵製麵機壓成
　　　1～2mm厚的麵皮。切成寬15cm、長30cm的大
　　　小。
　　②步驟①鋪到直徑8cm、高7cm的容器裡面，讓多出
　　　來的部分集中到其中一邊。取步驟3盛裝到裡面，將
　　　多出來的部分向內回折覆蓋。
　　③用手指沿著容器邊緣將麵皮與麵皮按壓捏合，留下
　　　1.5～2cm的邊緣，切除多餘的麵皮。
　　④將邊緣的麵皮向內細細捏合出摺子。

5　在派模裡面薄薄塗上一層橄欖油，放進步驟4。以
　　200℃的烤箱烘烤大約14分鐘。烤到表面變得光澤油
　　亮。在盤子裡面鋪上苦苣等葉菜類蔬菜，然後再擺上烤
　　好的派餅。

［約250顆的分量］

麵團
　高筋麵粉…1250g
　乾酵母…6.2g
　鹽巴…37.5g
　水…812g
內餡
　成羊絞肉（澳洲產）…1.5kg
　洋蔥（切成末）…750g
　大蒜（切成末）…30g
　鹽巴…25g
　孜然粉…2g
番茄醬＊…適量
優格…適量

＊鍋中倒入橄欖油，放入切成末的洋蔥進行拌
炒，一邊壓碎去皮整顆番茄一邊加入鍋中，燉
煮大約1個小時直至變得濃稠。

1　製作麵團。將所有麵團材料混合在一起確實揉拌成團，
　　放到冷藏室之中靜置12個小時。

2　製作內餡。將所有內餡材料放入調理盆中，大致混合在
　　一起並避免揉拌過度。

3　將內餡包進麵團裡面。
　　①用擀麵棍將麵團擀開成1mm厚，切成邊長5cm的正
　　　方形。
　　②取內餡擺放到餅皮中央，拉起四個角收攏向正中
　　　央，用麵皮將內餡包起來。
　　③將每個相鄰的兩個邊捏合。

4　用蒸煮器具大約燜蒸10分鐘。

5　盛放到容器之中，淋上番茄醬與優格。

P.219

Culurgiones

（薩丁尼亞餃）

TISCALI

［1人分］

麵團（店內準備的供應量）⋯下記製作完成後取80g
　　粗粒小麥粉⋯500g
　　溫水⋯225～250ml
馬鈴薯泥*²⋯20g
佩科里諾起司⋯20g
羊肉波隆那肉醬*¹⋯20g
番茄醬*³⋯90g
E.V.橄欖油（義大利薩丁尼亞產）、佩科里諾起司
　⋯各適量

＊1　用平底鍋拌炒小羔羊絞肉，以瀝油網瀝去油分。用平
底鍋製作香炒蔬菜（Soffritto）※，接著再加進絞肉。倒入雞
肉的肉汁清湯、紅酒、用篩子壓碎過濾的去皮整顆番茄罐
頭、水與月桂葉，熬煮至水分收乾。
＊2　馬鈴薯連皮一起放入水中燙煮，趁熱剝去外皮，壓碎
至鬆軟滑順。
＊3　去皮整顆番茄罐頭熬煮至只剩1/3的量，用鹽巴調整味
道。用果汁機攪拌至滑順狀態。

※譯註：洋蔥、紅蘿蔔、西洋芹切成丁之後拌炒至熟軟。

1　麵團的材料混合在一起並揉拌成團。

2　將肉餡包進麵團裡面。
　①將麵團薄薄地擀開，以直徑6～7cm的菊花造型模具
　　壓模。
　②在馬鈴薯泥裡面混入佩科里諾起司。
　③依序將波隆那肉醬與步驟②擺放到麵皮中央（a），
　　接著將麵皮對折，用手指捏合其中一端。
　④依序捏合收攏左右端（b），將麵皮捏合至另一端。
　　包餡的訣竅在於填入量略多的步驟②，捏合邊緣的
　　時候緊實地包住內餡不留一絲空隙，在捏合最後部
　　份的時候再擠出多餘的馬鈴薯泥（c）。

3　放進煮至沸騰的鹽水裡面，燙煮至浮出水面。

4　在盤子上面鋪上一層番茄醬，擺放上瀝去水分的步驟
　3。灑上E.V.橄欖油並撒上佩科里諾起司。

a

b

c

蒙古包子
SHILINGOL

將這道用麵皮包入羊肉內餡之後蒸熟的蒙古傳統料理，改良成比較符合日本人的口味。內餡裡面添加了長蔥、生薑、白菜等蔬菜，選用羊腿肉並搭配羊腹肉，使這道料理充滿了肉汁的鮮美。

包子皮
　中筋麵粉…500g
　溫水（約30℃）…大約250cc

內餡
　成羊腿肉（半解凍）*1…500g
　成羊腹肉（半解凍）…適量
　長蔥*2…1.5根
　生薑*2…50g
　白菜*3…1/6顆
　鹽巴…1大匙
　濃口醬油…1大匙
　芝麻油…1大匙

＊1　薄切之後，以食物調理機攪打成3～4mm丁狀。若脂肪含量偏少，可以適量添加羊腹肉讓味道更顯芳醇。
＊2　長蔥與生薑以食物調理機攪打成3～4mm的細丁狀。
＊3　用食物調理機攪打成3～4mm的細丁狀，用手擠去水分。

1 製作包子皮。中筋麵粉裡面加進2/3水量的溫水，用手混合均勻。一邊少量添加剩餘的水，一邊揉拌至麵團呈現出耳垂般的軟硬度。

2 覆蓋上保鮮膜，於室溫中靜置20分鐘，再放到冷藏室裡面靜置一晚。於室溫中靜置30分鐘再做使用，就會比較不容易破裂。

3 內餡材料放入調理盆中混合在一起，以擀麵棍按照一定的方向攪拌至整體出現黏性。

4 混拌好的狀態。攪拌至羊肉纖維鬆散、整體泛白，成為混合成團。

5 取出適量的步驟2麵團，放到撒了手粉（分量外）的工作台上面，滾成直徑2cm的長條狀。再將其分切成3cm長的塊狀。

6 步驟5的切面作為上下兩面，擺放到工作台上，用手掌將麵團壓平。撒上手粉，一邊轉動麵團一邊用擀麵棍將其擀成直徑約9cm的圓麵皮。

7 取40g的內餡擺放到麵皮上面，以慣用手的拇指與食指捏住麵皮的一角。（照片所示的慣用手為左手）

8 用另一手的拇指按壓內餡，一邊轉動包住內餡的麵皮一邊捏出摺子。捏合到最後的1/4麵皮時，拿開按壓內餡的大拇指，繼續捏合。

9 捏合到最後，不要將麵皮完全密封起來，稍微留下一點縫隙。放進蒸氣升騰的蒸煮器具裡面，用大火燜蒸13分鐘。

P.225

羊香水餃
（小羊肉香菜餃）

羊香味坊

P.225

SHILINGOL
捲餅

SHILINGOL

皮に甜面醤を塗って
具材をのせ、皮で具
材を包んで食べる。

[100顆的分量]

餃子皮
　低筋麵粉…500g
　高筋麵粉…500g
　開水…500ml
內餡
　小羔羊肩胛肉（整塊）…500g
　鹽巴…5g
　香菜（切成末）…100g
　長蔥（切成末）…1根的分量

A
　砂糖…5g
　芝麻油…50g
　濃口醬油…20g
　雞高湯粉…5g
　胡椒…少許
　花椒水＊¹…少許
　雞湯凍＊²…少許
　白絞油＊³…50g
中國烏醋…適量

＊1　花山椒4g於170ml的水中浸泡1個小時以上。
瀝去水分再後使用。
＊2　雞骨高湯熬煮收汁至剩餘1/2～1/3的量，放
入冷藏室裡面冷卻凝固好的成品。
＊3　以菜籽油精製而成油品。

1　製作餃子皮。
　① 將材料混合成團。
　② 放在30℃的環境中靜置3～4個小時。

2　製作內餡。
　① 用刀子將肉剁碎成粗絞肉。
　② 將步驟①與鹽巴放入調理盆中，稍微混拌均勻。加
　　 進香菜與長蔥混合均勻，使其充分融合在一起。
　③ 加進材料A，用手將整體攪拌至融為一體。

3　用麵皮包入內餡。
　① 在麵團與工作台上面撒上適量的手粉（分量外）。
　　 將麵團滾成長條狀，以8g進行分切。將切面作為上
　　 下兩面，擺放到工作台上，自上而下將麵團壓扁，
　　 用擀麵棍擀成直徑6cm的圓麵皮。
　② 取內餡擺放到麵皮上面，將麵皮對半折疊，用手指
　　 捏合邊緣使其完全密合。

4　步驟3放進煮至沸騰的熱水裡面燙煮3～5分鐘。盛放到
　盤子裡面，佐附上中國烏醋。

[2～4分]

冬粉（乾燥）…5g
全蛋…1顆
長蔥（切成粗末）…1小匙
成羊腿肉（切成細條狀）…100g
長蔥（斜切）…約5cm的分量＋約3cm的分量
濃口醬油…2小匙
麵團（與P.222的「蒙古包子」相同）…80g
長蔥（蔥白切成細絲）…約5cm的分量
小黃瓜（切成絲）…1/3條的分量
甜麵醬…適量
鹽巴、沙拉油…各適量

1　冬粉放到熱水裡面回軟，以水清洗之後，分成2等分。

2　雞蛋打散成蛋液，加進切成粗末的長蔥與少許鹽巴混合
　均勻。平底鍋內倒入1大匙沙拉油熱鍋，倒進蛋液，用
　湯杓一邊攪拌一邊用小火拌炒得柔嫩蓬鬆。

3　平底鍋內倒入1大匙沙拉油熱鍋，加進羊肉與斜切長蔥
　（約5cm的分量），加進1小匙鹽巴。用中火拌炒至羊
　肉不再有血絲之後，自鍋中取出。

4　在步驟3的平底鍋裡加入1大匙沙拉油熱鍋，放入冬粉
　及斜切長蔥（約3cm的分量）拌炒。加進濃口醬油與
　少許的水（分量外），燉煮至充分入味。

5　製作餅皮。
　① 將麵團滾成直徑2cm的條狀，切成4等分。將切面作
　　 為上下兩面，擺放到撒上了手粉（分量外）的工作
　　 台上，用手掌將麵團壓扁。
　② 在一片麵皮的其中一面撒上麵粉（分量外），取另
　　 一片麵皮在其中一面抹上沙拉油。將兩片麵皮撒上
　　 麵粉與抹上沙拉油的面相疊密合。
　③ 撒上手粉，擀開到直徑約20cm。剩餘的麵皮也進行
　　 同樣的作業。

6　烙烤餅皮。鐵氟龍加工平底鍋以小火加熱，放入1片步
　驟5。烙煎至表面略微膨脹後翻面。待兩面都烙煎到微
　焦上色之後，將兩片餅皮分開。另外一片也同樣進行烙
　烤。

7　蔥白細絲、小黃瓜、步驟2、步驟3、步驟4分別盛放到
　小碟子裡，再將這些小碟子放到大盤子裡面。步驟6對
　折兩次，擺放到盤子的中間，佐附上甜麵醬。

CHINA

—

羊香水餃
（小羊肉香菜餃）

羊香味坊

用自製餃子皮將羊肉做成的內餡包覆
起來，燙煮以後趁熱供應。餃子皮具
有勁道且充滿彈性。一咬入口中，那
香氣四溢的湯汁便流入口中，羊肉餡
的香氣更是撲鼻而來。

［**食譜**→ P.224 ］

MONGOLIA

—

SHILINGOL捲餅
SHILINGOL

從北京烤鴨取得靈感的原創料理。將
香炒羊腿肉、煎蛋、冬粉、蔬菜盛放
到大盤子裡，讓整體看起來顯得十分
豐盛。甜麵醬的部分選用吃起來不會
太過死鹹的類型。 ［**食譜**→ P.224 ］

飯與麵

[第10章]

新疆維吾爾自治區的
羊肉抓飯「Polu」

Matsushima

伊斯蘭教徒所居住的維吾爾地區是羊料理的寶庫。此處要介紹的是用羊肉與胡蘿蔔製作而成的炊飯。食材中加進了葡萄乾的甘甜、孜然的香氣，增添了幾許異國風味。拌入優格後享用。［食譜→ P.228］

[10人分]

小羔羊的羊筋肉…250g
花生油…適量
生薑（切片）…5片
長蔥（蔥絲的不分）…2根的分量

A ┌ 水…2L
  │ 老酒…100ml
  │ 孜然粉…1小匙
  └ 鹽巴…適量
洋蔥…1顆

孜然粉…4g
黃色胡蘿蔔…1根
鴻喜菇（切成粗末）…1/2小袋
葡萄乾…70g
濃口醬油…8g
蠔油…15g
老酒…15g
鹽巴…3g
米…2杯

蘆筍…40g
蓮花葉（乾燥）…1/4片
瀝去水分的優格…適量
孜然粉…適量
乾煎辣椒*…適量

*將乾辣椒乾煎之後，用檸汁研
磨機粗略磨碎而成。

1 用煮至沸騰的熱水燙煮羊筋肉，直至熱水上面出現很多浮沫，以瀝水網撈出羊筋肉。用水洗去附著於表面的浮沫後，分切成1～2cm的塊狀。

2 中式炒鍋中倒入花生油熱鍋，加入生薑與長蔥爆炒。待散發出香氣以後，加進材料A與步驟1，大約燉煮1個小時。

3 洋蔥切成1cm丁狀。取另一只中式炒鍋，倒入花生油熱鍋，加進洋蔥拌炒至邊緣變成褐色，接著轉為小火繼續拌炒。

4 加進孜然粉，翻炒至散發出香氣。由於孜然很容易燒焦，所以要快速地進行翻炒。

5 黃色胡蘿蔔切成5mm厚的片狀，再以5mm的寬度分切成絲，加到步驟4裡面一起拌炒。

6 拌炒至黃色胡蘿蔔都裹上花生油以後，加進步驟2的羊筋肉與煮肉湯之500ml，煮至沸騰。

7 接著加進鴻喜菇與葡萄乾。用湯勺大致混拌均勻，煮至沸騰。

8 加入濃口醬油、蠔油、老酒混合均勻，加進鹽巴調整味道。

9 將米淘洗之後，倒進電子鍋的內鍋之中。以等量的步驟8燉煮湯汁取代炊煮米飯所需的水量，倒入內鍋。

10 將步驟 8 的食材全部平鋪到步驟 9 的白米上面。如同炊煮一般的米飯那樣煮成熟飯。

11 削除蘆筍根部的粗硬外皮，以大約 1cm 的寬度切成差不多大小的塊狀。以加了鹽巴煮至沸騰的熱水，快速汆燙。

12 步驟 10 炊煮好以後，倒進步驟 11 的蘆筍，用飯匙從底部翻動米飯，切拌均勻。

13 用料理剪刀，配合蒸籠（直徑約 15cm）修剪蓮花葉的大小。

14 將步驟 13 的蓮花葉鋪到蒸籠裡面，盛放上步驟 12。蓋上蒸籠蓋，燜蒸大約 3分鐘。

15 連同蒸籠一起放到盤子上面，在別的碗碟裡面分別盛放上瀝去水分的優格、孜然粉、乾煎辣椒，一起供應。

將炊煮好的羊肉抓飯盛裝到分食用的碗裡面，再依喜好添加瀝去水分的優格、孜然粉、乾煎辣椒，整體充分混拌均勻之後享用。加入大量的優格會更為美味。

Maccheroni alla chitarra al ragù bianco d'agnello

（小羊清燉肉醬義大利麵）

Osteria Dello Scudo

小羊清燉肉醬是義大利阿布魯佐地區最具代表性的羊料理，更是搭配傳統義大利麵「Chitarra」最為主要的肉醬。這裡不使用番茄，藉以帶出那滋味豐富而具深度的可口風味。

230

［6〜8人分］

Chitarra義大利麵*¹
　雞蛋…230〜250g
　粗粒小麥粉…500g
　鹽巴…10g
肉醬
　小羔羊肉*²…500g
　鹽…適量
　迷迭香、藥用鼠尾草、月桂葉…各適量
　大蒜…1瓣
　┌ 索夫利特醬*³…適量
　│ 白酒…120g
　│ 小羊的肉汁清湯（P.44）…500g
A│ 水…適量
　│ 迷迭香、百里香、藥用鼠尾草、
　│ 　月桂葉的法國香草束…1束
　└ 檸檬…1/6顆

迷迭香（切碎）、橄欖油、
　佩科里諾起司…各適量

＊1 「Chitarra」是一種張了弦的長方形切麵器，
用來切割出長條狀的義大利麵。如今這個工具的
名稱也成為了這款義大利麵的名稱。
＊2 使用羊腱肉、羊肩胛肉、羊腹肉、羊脖頸
肉等膠質含量較多的部位。必須留意的是，若脂
肪含量太多，會導致整體羊肉特殊風味過於濃
郁。
＊3 鍋中倒入橄欖油，加進乾辣椒1根、大蒜1
片加熱，待炒出香氣之後，加入分別切成1cm丁
狀的洋蔥1顆、胡蘿蔔1/3根、西洋芹1/2根拌
炒，並留意不要讓這些蔬菜炒到變色，接著蓋上
鍋蓋進行燜蒸。待整體燜至熟軟以後，打開鍋
蓋，煮乾水分。使用烹煮出來的全量。

1 製作Chitarra義大利麵。
　① 雞蛋打散成蛋液，取出分量中的230g，加入鹽巴攪
　　散，接著將粗粒小麥粉加入其中，用橡皮刮刀迅速地混
　　拌均勻，讓麵粉整體均勻吸附水分（蛋液）。
　② 用手將步驟①搓揉成均等的鬆散狀態。若水分不足，可
　　再一邊少量添加剩餘的蛋液，一邊繼續搓拌至整體濕
　　潤。
　③ 用手掌揉搓步驟②，壓上體重將其揉捏成團。放入塑膠
　　袋中置於常溫中靜置片刻以避免乾燥，如此反複地揉捏
　　數次。
　④ 放進冷藏室中靜置一晚。隔天取出，讓麵團回復到室溫，
　　用義大利麵製麵機或擀麵棍壓開成約3mm厚的麵皮。
　⑤ 將麵皮切得比Chitarra義大利麵切麵器（製作Chitarra
　　義大利麵的專用工具）還要小上一些，放到弦線上面，
　　用擀麵棍壓在麵皮上面滾動，將麵皮切斷。一邊將麵條
　　撥鬆，一邊撒上足量的粗粒小麥粉作為手粉。

2 製作肉醬。
　① 將羊肉剁成粗絞肉，加進鹽巴、迷迭香、藥用鼠尾草、
　　月桂葉與大蒜稍微抓醃，放入冷藏室中，使其充分入味
　　（a）。
　② 撥去步驟①上面的各種香草與大蒜，以倒入橄欖油的平
　　底鍋將肉油煎至焦香上色（b）。因為這道菜的味道比
　　較溫和，所以要小心不要煎得太過頭。
　③ 將步驟②移到燉煮鍋中，加進材料A（c）。用中火將
　　湯汁熬煮至出現濃稠度，並於燉煮期間適時加水補足。
　　以鹽巴調整味道。

3 烹調完成義大利麵。
　① 取適量肉醬放到平底鍋中，加進少量的水加熱。與此同
　　時，用足的沸騰鹽水，燙煮Chitarra義大利麵大約12
　　分鐘。
　② 撈出燙煮好的Chitarra義大利麵，加進盛有肉醬的平底
　　鍋之中混拌均勻。加進迷迭香與佩科里諾起司繼續充分
　　攪拌均勻。
　③ 盛放到盤子裡面，撒上現刨佩科里諾起司。

—

Laghman
（拉條子）

PAO Caravan Sarai

原本是一道將富有嚼勁的手打麵，盛
入以羊肉與番茄烹調出來的熱湯裡的
中亞地區料理，在這裡則是改為炒麵
版本。撒了白芝麻的擔擔麵風味，這
樣的調味更是令人回味無窮。

［食譜→ P.234］

CHINA

魚羊麵

羊香味坊

帶骨羊肉的燙煮湯汁與鯛魚頭高湯混
合出拉麵湯頭，讓風味各異的鮮甜高
湯混合在一起營造出相乘效果。供應
時會再佐附上以乳酸發酵而成的中式
醃製白菜「酸菜」。

[食譜→ P.234]

GENGHIS KHAN

羊骨拉麵

TEPPAN羊SUNRISE

以大火燉煮羊骨，熬煮出湯汁略顯白
濁的濃醇高湯。使用帶有較多脂肪的
羊骨，就能熬出風味甘甜的美味高
湯。調味醬汁裡面添加了乾干貝或昆
布等食材，使其更添鮮甜滋味。

[食譜→ P.235]

P.232

Laghman

（拉條子）

PAO Caravan Sarai

［1人分］

橄欖油…30ml

成羊絞肉…90g

A｜
大蒜（切成末）…1/2瓣的分量
番茄（切略大的滾刀塊）…1/2顆的分量
糯米椒（縱向對半切）…3根的分量

B｜
芝麻碎…1又1/2大匙
豆瓣醬、苦椒醬、濃口醬油…各少許

白酒…30ml

優格…1大匙

自製麵條*…150g

香菜…適量

＊粗粒小麥粉與水以3：1的比例揉拌成團，靜置
於冷藏室中直至整體融合在一起。以真空義大利麵
製麵機擠壓出寬3mm的義大利麵條。

1 鍋中倒入橄欖油（分量外）熱鍋，加入羊絞肉充分拌
   炒。

2 加進材料A繼續拌炒，接著加進材料B調整味道。

3 加入白酒，燉煮至酒精揮發且收汁。最後再加進優格攪
   拌均勻。

4 麵條以煮至沸騰的鹽水（鹽分濃度1%左右）燙煮大約
   4分鐘，撈出麵條瀝去水分，加進步驟3的鍋中混拌均
   勻。盛放到「Karahi」鐵鍋（P.171）之中，點綴上香
   菜。

P.233

魚羊麵

羊香味坊

［1人分］

生麵條…150g

A｜
鯛魚頭高湯（省略解說）…100g
雞脂與牛脂（液狀的狀態下）…合計10g
鹽湯*1…30g

「手扒羊肉」的煮肉湯汁（P.191）…360g

B｜
燙煮羊腱肉
（P.16「口水羊」・切薄片）…90g
溏心蛋*2…1/2顆
酸菜*3…30g
燙青菜…30g

＊1 鹽巴與1倍的水量混合在一起煮至沸騰，撒入
白胡椒。
＊2 水與等量的濃口醬油混合在一起煮至沸騰，
加進八角、長蔥的蔥綠部分、生薑、砂糖、烏龍茶
葉煮成醃漬用醬汁，放入半熟水煮蛋浸泡1天製作
而成。
＊3 白菜揉入鹽巴，接著再以乳酸菌發酵而成的
自製酸味醃製蔬菜

1 用足量的熱水燙煮麵條。

2 材料A盛放到拉麵碗裡面，倒入熱騰騰的羊肉煮肉湯
   汁，接著放入瀝去水分的步驟1，擺放上材料B。

P.233

羊骨拉麵

TEPPAN羊SUNRISE

［1人分］

高湯底…下記製作完成後取200ml
　　小羔羊骨…1.5kg
　　　┌ 水…4L
　　A │ 長蔥（蔥綠的部分）…5根的分量
　　　└ 生薑（整塊）…30g
拉麵用生麵條…55g
調味醬汁*¹…20ml
羊肉叉燒*²、溏心蛋*³、海苔、
　　切絲蔥白…各適量

＊1　濃口醬油2、甘口醬油1、日本酒1、味醂1、
昆布、乾干貝、孜然粉、水，混合均勻後開火，煮
到快要沸騰之前，取出昆布。接著繼續煮乾收汁至
剩下一半的量。
＊2　調味醬汁加水稀釋之後，用以燙煮羊肩胛
肉。冷卻之後薄切成片。
＊3　製作半熟水煮蛋，放到調味醬汁裡面浸泡30
分鐘左右。

1　熬煮高湯底。
　　① 大鍋中倒入水煮至沸騰，放入羊骨（a），再次煮至沸
　　　騰後，以瀝水網撈出羊骨。用鬃毛刷將骨頭表面的
　　　血水與污垢刷掉的同時，以流水確實清洗乾淨
　　　（b）。
　　② 圓桶深鍋中放入步驟①與材料A，開大火燉煮。轉
　　　為小火撈除浮沫（c）。
　　③ 撈淨浮沫之後，再次轉為大火，讓高湯維持在咕嘟
　　　咕嘟冒泡的沸騰程度進行熬煮。
　　④ 熬煮至大約剩餘一半的量時，進行過濾（d）。

2　燙煮麵條，瀝去水分。調味湯汁倒入拉麵碗之中，加進
　高湯底調和整體味道。接著將麵放入碗中。

3　擺放上羊肉叉燒、溏心蛋、海苔、切絲蔥白。

ITALIA

牧羊人黑胡椒 起司義大利麵

TISCALI

在只有起司與黑胡椒的簡單義大利麵裡面加進羊脂增添變化。使用的羊脂來自於北海道‧白糠町的牧羊人酒井伸吾先生所細心餵養出來的羊隻，正是這些羊隻的脂肪才得以烹調出這道美味料理。 ［食譜→ P.238 ］

ITALIA

小羔羊 朝鮮 薊珍珠麵

TISCALI

珍珠麵（Fregula）是義大利薩丁尼亞地區的義大利麵，將粗粒小麥粉揉搓成小顆粒狀後乾燥而成。調理時直接加進醬汁裡面烹煮，使其充分吸收羊肉的精華美味，味道著實具有深度。 ［食譜→ P.238 ］

CHINA
—

小羊肉
香菜炒飯

羊香味坊

添加了和羊肉十分對味的香菜與孜然
拌炒而成的炒飯。香菜的清香與孜然
馥郁的香氣令羊肉的味道更為豐富而
多彩。是一道既可以作為收尾料理，
也可作為下酒菜享用的料理。

[食譜 → P.239]

GENGHIS KHAN
—

羊肉燥飯

羊SUNRISE 麻布十番店

將自製的小羔羊肉燥澆淋到溫熱的白
飯上面，再撒上足量的醬油醃茖蔥與
白芝麻。各種香味蔬菜與羊肉的香
味，再加上微辣的辣味，讓人不由自
主地一碗接著一碗。

[食譜 → P.239]

P.236

牧羊人黑胡椒
起司義大利麵

TISCALI

［1人分］

義大利麵…80g
羊脂*…1大匙
黑胡椒…適量
佩科里諾薩爾多起司（Pecorino sardo）…10g

＊用橄欖油將小羔羊骨香煎得香酥，移到燉煮鍋中。加進洋蔥、胡蘿蔔、西洋芹與大量的水烹煮至沸騰，撈除浮沫之後，轉為小火。大約熬煮一個小時，瀝出肉汁清湯。待其放涼，放到冷藏室中靜置冷藏。使用凝固在上面的那層脂肪。

1　用足量的沸騰鹽水將義大利麵燙煮至彈牙程度。

2　撈出義大利麵放到調理盆中，加進羊脂混拌均勻。

3　混拌至羊脂融化之後，撒上現磨黑胡椒，

4　盛放到容器裡面。撒上現刨佩科里諾薩爾多起司（分量外）。

P.236

小羔羊
朝鮮薊珍珠麵

TISCALI

［2人分］

義大利新鮮香腸（Salsiccia）
　…下記製作完成後取100g
　小羔羊絞肉…1kg
　鹽巴…7g
　胡椒…3g
　茴香籽…2g
大蒜油（省略解說）…20ml
朝鮮薊…1個
蔬菜清湯*…180ml
珍珠麵（Fregula）…60g
E.V.橄欖油…30ml
佩科里諾薩爾多起司…15～20g
平葉巴西里（切碎）、鹽巴…各適量

＊洋蔥、胡蘿蔔、西洋芹分別薄切，撒上鹽巴，
從冷水開始燉煮。

1　將義大利新鮮香腸的材料混合成團並避免過度揉拌。

2　平底鍋中倒入大蒜油熱鍋，放入步驟1在鍋內鋪開。在不過度翻炒的狀態下煎至雙面金黃，讓肉餡呈現一小塊一小塊的肉塊狀。

3　倒去平底鍋中多餘的油分。朝鮮薊處理過後，切成易於食用的一口大小，加進鍋中，大致拌炒。

4　倒入蔬菜清湯煮至沸騰，加進珍珠麵，烹煮約13分鐘。於烹煮期間適時加水補足。

5　倒入E.V.橄欖油進行乳化，以鹽巴調整味道。加進現刨佩科里諾薩爾多起司混合。

6　盛放到容器裡面，撒上平葉巴西里。

P.237

小羊肉香菜炒飯

羊香味坊

［1人分］

白絞油…適量
蛋液…1顆半的分量
A ┌ 洋蔥（切成粗末）…35g
  │ 長蔥（切成粗末）…15g
  │ 燙煮羊腱肉
  └ （P.16「口水羊」‧切碎）…25g
炊煮好的白飯…200g
B ┌ 鹽巴…1g
  │ 雞高湯粉…2g
  │ 濃口醬油…5g
  │ 白胡椒…少許
  └ 孜然（乾煎之後研磨而成）…3g
香菜（切碎）…10g

1 中式炒鍋裡面倒入白絞油熱鍋，倒入蛋液拌炒1～2秒就自鍋中取出。

2 步驟1的鍋中添加足夠的油，加進材料A用大火快炒。

3 加回步驟1的炒蛋，加進炊煮好的白飯。

4 以材料B調整味道，加入香菜大致拌炒均勻。盛放到盤子裡面。

P.237

羊肉燥飯

羊SUNRISE 麻布十番店

炊煮好的白飯…適量
羊肉燥（P.29）…適量
A ┌ 醬油醃茗蔥（切成末）…適量
  └ 炒白芝麻…適量

1 白飯盛放到容器裡面，舀上肉燥，撒上材料A。

關於綿羊的品種

據說最早被馴化為家畜的動物，除了狗之外，就是綿羊。在伊拉克東北部的遺跡之中，曾經出土西元前11000年的小羊骨骸，過去人們普遍認為這便是羊隻最初被馴化為家畜的證據，但是近年來，開始有人對於那小羊骨骸是否真的是被馴為家畜的羊隻抱持懷疑態度。他們認為實際上，羊隻的家畜化或許起源於紀元前7000～6000年前左右，發生於橫跨了現今敘利亞、伊拉克北部、土耳其東南部的地區。摩弗倫羊（Mouflon）、盤羊（Argali）、東方盤羊（Urial）被認為是綿羊的原始品種，據說這三種綿羊是絕大多數綿羊品種的祖先。而綿羊的品種據說多達3000種，其中被圈養作為家畜馴養的品種則約有1000種。其中尤為重要的品種約有200種，被區分為肉用品種、毛用品種、乳用品種，以及這些品種的兼用品種。此處將介紹日本國內所飼養、澳洲與紐西蘭所飼養並流通在日本國內市場上的十分具代表性的綿羊品種。

※引據《別冊專門料理 プロのための肉料理專門書》部分內容進行修改並轉載
資料來源：聯合國糧食及農業組織（FAO）2016年度資料、《世界家畜品種事典》（正田陽一監修、東洋書林刊行）
插畫：田島弘行

[肉用品種]
薩福克羊（Suffolk）
脂肪含量較少
優質的瘦肉

原產於英國薩福克郡。是原生品種諾福克角（Norfolk Horn）與南丘綿羊（Southdown）交配之後所產下的大型肉用品種。頭部與四肢覆有黑色短毛。早熟早肥而具有十分可觀的羊肉產值，其羊肉本身脂肪含量少且為優質的瘦肉。在世界各地多作為肉用交配品種運用，在日本亦是飼養數量最多的品種。公羊體重100～135kg、母羊體重70～100kg。

[肉用種]
南丘綿羊（Southdown）
英系品種
肉質最為可口

原產地為英國薩塞克斯郡南部丘陵地帶。是一種從體型嬌小的原生品種薩塞克斯（Sussex）裡挑選出來並不斷育種而得出的品種。由於飼養在丘陵地帶，所以身軀精實而強健，是典型的肉用類型，骨骼細且羊肉的可用率高，其肉質在英系品種之中也實屬上品，被人譽為是「肉用羊之王」。公羊體重80～100kg、母羊55～70kg。

[肉用種]
切維奧特羊（Cheviot）
以牧草細心飼育
肉質十分美味

原產地位於英國英格蘭與蘇格蘭交界處的契維特高地。以相同地區的山地原生品種母羊與棲於低窪地區品種的公羊交配之後所產下。以牧草等粗飼料精心飼育，健壯而十分適合放牧於山林之間。雖然肉質十分鮮美，但成長緩慢且體型偏小，其羊毛是粗花呢（Tweed）布料的原料。公羊體重70～80kg、母羊50～60kg。

[毛與肉兼用品種]
柯利黛羊（Corriedale）
適應能力高
相當容易飼育

原產於紐西蘭。以美麗諾羊（Merino）與林肯羊（Lincoln）、萊斯特羊（Leicester）、羅蒙尼羊（Romney Marsh）等英國長毛品種交配之後所產下的毛與肉兼用品種。性格相當溫和且十分容易適應各種氣候與風土，所以很容易飼養。過去在日本曾大量飼養來作為羊毛用種，但已隨著羊毛的輸入量增加而銳減。公羊體重80～110kg、母羊60～70kg。

[毛肉兼用種]
美麗諾羊（Merino）
羊毛品質與肉質、
羊肉產值都很優秀

原產於西班牙伊比利半島。被輸往世界各地並進行品種改良，已有的改良品種有西班牙美麗諾羊種、蘭布里耶羊種、澳洲美麗諾羊種等品種。其中，澳洲美麗諾羊種的羊毛素來有著相當高的評價，而法國的蘭布里耶羊種是美麗諾羊之中體型最大且肉質鮮美、羊肉產值也很高的品種。羊隻的體重會根據品種而有所不同。

[毛肉兼用種]
邊境萊斯特羊（Border Leicester）
健壯而多產
羊肉產值極高

原產於英國英格蘭與蘇格蘭交界地帶的邊境地區。是英國萊斯特羊種與切維奧特羊種交配之後產下的改良品種，屬於長毛類型的毛與肉兼用品種。早熟早肥而且具有極佳的羊肉產值。由於體型強健並且具有極高的繁殖能力，所以在英國與澳洲會被人們拿來作為與三大原始品種交配出雜交品種的基本親代品種。

[肉用種]
多塞特羊（Dorset）
三大原始品種
交配出來的基本品種

以英國多特賽郡為原產地的短毛肉用品種。健壯且成長快速，肉質也十分可口。多塞特羊與邊境萊斯特羊，在澳洲被人們拿來作為三大原始品種所交配產下的基礎品種運用。無角多賽特羊（Poll Dorset）就是美國以這個品種為親代品種開發出來的無角品種。無角多賽特羊的肉質也相當鮮美，而且十分多產，在世界各地為人所廣泛飼養。

[毛肉兼用種]
羅蒙尼羊（Romney）
脂肪含量少的瘦肉
尤為優質

以英國肯特郡多沼澤地的羅蒙尼地區為原產地的毛與肉兼用品種。由於這個品種十分適應潮濕的氣候，所以日本也引進了不少。以牧草等粗飼料細心飼育，羊肉多為脂肪含量少的瘦肉。也會被拿來作為與其他肉用品種雜交用的基本親代品種。在佔據了世界羊肉輸出量第二名的紐西蘭之中是相當具有代表性的品種，純血品種約占了50%，雜交品種約占了25%。

綿羊的生產週期

由於綿羊是季節性繁衍，所以一年只會生產一次。
這裡將介紹日本養殖生產小羊的生產週期。

生產小綿羊要在8月的時候進行繁殖準備，這也就意味著，要先制定出下一年度的生產計劃。在日本，羊隻的繁殖時期以9月～10月為主。綿羊為季節性繁殖，母羊會隨著日照時間縮短而漸漸開始發情。由於人工繁殖相當困難，所以日本幾乎都是任其自然繁殖。

綿羊的孕期大約落在145～150天左右，主要在2～3月的時候生產小羊。只不過，生產的週期會根據品種與圈養土地的氣候條件有所不同，也不一定都會如同右邊這張表一樣，例如薩福克羊等品種的羊隻大約在8月底至2月上旬之間都有可能繁殖小羊。因此，圈養可受精期間較長的品種羊，將時期錯開進行繁殖，就能夠一年到頭都出貨。

此外，位於南半球的澳洲與紐西蘭，其繁殖的尖峰時期約是在時值秋季的3～4月進行，於時值春季的8～9月進行生產。而位於赤道下方的地域由於日照時間較無太大變化，所以也比較有機會能夠持續繁殖小羊，不受品種與圈養地的季節變化所影響。

	8月	9月	10月	11月	12月	1月	2月	3月	4月	5月	6月	7月
母羊	準備交配	交配		懷孕			生產					
小羊							哺乳			離乳		
飼養方法	放牧			羊舍飼養					放牧			

出貨時期

	8月	9月	10月	11月	12月	1月	2月	3月	4月	5月	6月	7月
春羊												
肥育春羊												
羊舍飼養的小羊												
先放牧後羊舍飼養的小羊												

春羊（Spring Lamb）：第4個月斷奶且體重達40～50kg的羊隻。就是所謂的喝奶小羊。
肥育春羊：以羊乳與飼料合併飼育，飼養到50kg的程度。
羊舍飼養的小羊：第四個月離乳開始改在羊舍飼養並餵以穀物飼料（Grain Fed），養到50kg以上再出貨。
放牧飼養的小羊：放牧，並以牧草進行飼養（Grass Fed）。在月齡7～8個月時出貨。
先放牧後羊舍飼養的小羊：先將羊隻放牧且以牧草飼養，接著改在羊舍飼養並餵以穀物飼料，增加小羊的脂肪含量與體重。在月齡9～12個月大的時候出貨。

資料來源：《畜產總合辭典》（小宮山鐵朗、鈴木慎二郎、菱沼 毅、森地敏樹編纂，朝倉書店刊行）
《新編 畜產大事典》（田先威和夫監修，養賢堂刊行）

包含生產國在內的特徵

在此將針對目前流通於日本國內的日本國產小羊與外國產小羊，
為大家歸納並介紹其飼育的歷史與品種，以及飼養的特徵等。

排名	都道府縣	飼養數量	農戶數量	平均每戶的飼養數量
1	北海道	9354	202	46
2	長野縣	1065	76	14
3	千葉縣	659	18	37
4	栃木縣	613	25	25
5	山形縣	573	23	25
6	岩手縣	564	34	17
7	群馬縣	447	23	19
8	靜岡縣	382	33	12
9	兵庫縣	333	20	17
10	神奈川縣	329	25	13
11	青森縣	278	20	14
12	岐阜縣	240	16	15
13	熊本縣	220	22	10
14	福島縣	213	12	18
14	廣島縣	213	21	10
16	大阪府	209	13	16
17	秋田縣	203	9	23
18	茨城縣	169	18	9
19	滋賀縣	161	18	9
20	宮城縣	156	26	6
20	山梨縣	156	18	9
22	埼玉縣	132	24	6
23	岡山縣	117	17	7
24	愛知縣	100	28	4
25	奈良縣	92	9	10
26	京都府	79	18	4
26	島根縣	79	8	10
28	長崎縣	78	15	5
29	新潟縣	75	16	5
30	三重縣	67	14	5
31	福岡縣	62	9	7
32	高知縣	52	4	13
33	山口縣	45	11	4
34	東京縣	38	12	3
35	鳥取縣	35	6	6
35	宮崎縣	35	3	12
37	石川縣	32	4	8
38	愛媛縣	30	9	3
38	大分縣	30	8	4
40	富山縣	29	7	4
41	鹿兒島縣	24	6	4
42	香川縣	20	3	7
43	福井縣	11	3	4
44	佐賀縣	10	4	3
45	和歌山縣	8	6	1
46	德島縣	3	1	3
47	沖繩縣	1	1	1
合計		17,821	918	

表1的羊隻飼養數量（2017年）
基於農林水產省的資料彙整而成

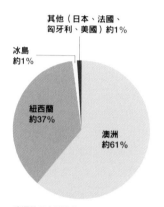

其他（日本、法國、
匈牙利、美國）約1%

冰島
約1%

紐西蘭
約37%

澳洲
約61%

**流通於日本國內的
羊肉生產國比例（2018年）**
資料來源：根據農林水產省資料的推定
數值與羊齧協會※的資料彙整而成

※譯註：羊肉同好者所組成的日本民間團
體。

排名	都道府縣	羊隻數量
1	北海道	3,924
2	長野縣	246
3	山形縣	231
4	岩手縣	181
5	栃木縣	147
6	秋田縣	138
7	青森縣	45
8	福島縣	40
9	山梨縣	38
10	長崎縣	26
11	富山縣	16
11	廣島縣	16
13	石川縣	15
14	宮城縣	13
15	岐阜縣	11
16	奈良縣	8
17	新潟縣	7
17	福岡縣	7
19	靜岡縣	4
20	京都府	3
20	鳥取縣	3
22	茨城縣	2
22	岡山縣	2
22	熊本縣	2
22	沖繩縣	2
合計		5,127

表2的年度羊隻屠宰數量（2017年）
根據平成29年度（2017）食肉檢查等資
訊還原調查（厚生勞動省）彙整而成

日本

　　羊隻最先傳進日本的時期是在推古天皇時代。《日本書紀》裡面留有599年自百濟獻來2隻羊的紀錄。此後，亦留有802年自新羅、935年自大唐、1077年自宋朝、1818年自中國運來羊隻的紀錄，不過不論是哪一次都沒有演變到真正開始飼養的地步。

　　綿羊正式開始在日本留下歷史痕跡的時期，是在明治2年。那時日本的政府從美國進口了8隻西班牙美麗諾羊種的綿羊。這些羊隻作為服飾西洋化與軍備所需而購置，在千葉縣與北海道各設據點，舉國制定了羊隻增產計畫，但最後卻因為知識、經驗與技術的不足而未能順利進行，在1889年（明治22年）姑且放棄了這個想法。之後的一段時間，羊毛的需求依舊仰賴進口。

　　然而，第一次世界大戰爆發之後，澳洲與紐西蘭開始禁止出口羊毛，日本便被迫面臨開始著手完善國內生產體制。此時，自美國、中國、澳洲、英國等國大量購買回來的綿羊品種便是美麗諾羊。據說到了大正時代末期，美麗諾羊的數量已經占了總體的85%。其後，因為澳洲與美國禁止出口美麗諾羊，後來日本就變成以毛與肉兼用的柯利黛羊種為主體。

　　雖然第二次世界大戰期間無法進口親代品種羊隻，使得羊隻的增產踩了剎車，但戰後卻一反此態開始增產，在1957年（昭和32年）留下了94萬4940隻這個歷來最多羊隻飼養數量的紀錄。但是在這之後，隨著海外廉價羊毛的進口與化學纖維的發展，飼養數量隨之轉為減少，在1976年銳減為1萬190隻。而伴隨著羊毛需求量的下降，1967年也試著將生產羊隻的用途轉換為食用目的，改為引進肉用品種的薩福克羊，這使得飼養數量在1990年代逐漸稍有回升。自此以後，薩福克羊成為了主要的飼養品種。

　　2001年為了防堵狂犬病的傳播，日本開始禁止自歐洲進口羊隻，截至當下為止都使用法國產小羔羊的餐廳等高級餐飲業，便將目光投向了日本國產小羊。現今依舊

作為知名牧場而廣為人知的北海道·燒尻島「羽幌町營燒尻綿羊牧場」與白糠的「茶路めん羊牧場」等牧場，也正在這時期開始作為生產高品質綿羊的牧場而受到矚目。北海道作為綿羊增產計畫的中心據點，現今仍有很多綿羊牧場，除前述牧場外，還有足寄的「石田綿羊牧場」、白糠的「羊まるごと研究所」、十勝的「BOYA FARM」、調味成吉思汗烤羊肉的老店商鋪「松尾成吉思汗」所經營的「松尾綿羊牧場」等牧場都有生產優質羊肉。

不過，就如同表1「羊隻飼養數量」所示，除了北海道之外，其餘主要飼養地大多落在長野縣或東北的幾個縣。此外，這筆數據資料裡面也包含了寵物、動物園、觀光牧場所飼養的羊隻。而如同表2「年度羊隻屠宰數量」所示，會宰殺羊隻至某個數量的縣大約也就僅有10個縣左右，由此可見，以食用為目的飼養羊隻的規模其實相當的小。

目前日本國內羊隻的流通方式，絕大多數都是生產者與餐飲店直接往來買賣。生產者將羊隻運往屠宰場，讓屠宰場幫忙宰殺，再將宰好的羊隻送往食用肉處理設施分割成適合出貨的狀態，接著直接送往採購羊肉的餐飲店。此外，雖然日本的畜產技術協會有肉品規格、等級劃分的基準，但是羊肉並不會像牛肉與豬肉那樣進行等級劃分檢驗。

澳洲

據說最初是由英國移民在1788年引進。最後，澳洲的羊毛出口至世界各地，更是在1950年代成為世界第一的羊毛生產國。在1990年代之際，因為羊毛的需求量在世界各地大為減少，所以便開始以飼養肉用品種為主，將生產羊隻的用途轉為食用目的，直至現今。

澳洲綿羊的飼養數量繼中國的1億6202萬2703隻，以6754萬3092隻屈居世界第2（2016年）。其主要的飼養品種是以美麗諾羊進行配種的雜交品種羊，由曾經支撐澳洲羊毛出口產業的美麗諾作為親代品種，與多塞特羊、邊境萊斯特羊、薩福克羊等品種羊交配後產下。主要的飼養產地是維多利亞州與南澳洲、新南威爾斯州這些雨量較多的南部區域。

雖然一般而言是只以牧草飼養的草飼綿羊，但也有的會在草飼之後餵養穀物藉以肥育，或是只以穀物飼養的穀飼綿羊。在羊肉品牌方面有餵以吸收土壤鹽分生長的「濱藜草」的「Saltbush Lamb」，還有只餵以豆科植物三葉草等高營養價值牧草的「牧草飼羊（Pasture Fed Lamb）」等。

出貨時的小羊約是月齡8～10個月大，屠體重量約莫是20～24kg。一年到頭都可以出貨，進口時以低溫冷藏與冷凍兩種方式運往日本。特色在於飼養週期較長、整體肉質偏瘦，且肉的部分比較多。主要的出口國家是美國與中國。流通於日本市場的羊肉約有六成都是產自澳洲（2018年）。

紐西蘭

最初是由庫克船長（James Cook）在1773年將2隻綿羊帶進紐西蘭內陸，但這兩隻羊沒過多久就死亡了。到了19世紀前半葉，紐西蘭自澳洲運入了美麗諾羊，作為運往宗主國英國的食糧供給，進行羊隻養殖產業化。伴隨著綿羊產值的提升，也開發出了冷凍運輸技術，1882年5月24日，裝載著冷凍羊肉的運輸船順利自紐西蘭運抵英國。自此之後，紐西蘭便始終都以食肉為目的飼養綿羊、進行品種改良。

紐西蘭本國的消費量大約只占總產量的3～4%，養殖出來的羊隻幾乎都是用於出口。以北島與南島為主體的紐西蘭全境都有進行羊隻的飼養。主要的飼養品種是占據整體50%的羅蒙尼羊。其次便是羅蒙尼羊交配出來的雜交品種庫普沃斯羊（Coopworth），占了15%。緊接著是占了10%的派侖代羊（Perendale）。其他還有泰瑟爾羊（Texel）、薩福克羊、南丘綿羊等品種。幾乎100%的小羔羊都是進行草飼，餵以禾本科植物黑麥草或豆科植物三葉草等牧草，約莫於出生之後2個月內以母羊哺乳，之後再以完全放牧的方式飼養。於小羊4～8個月大，屠體重達18kg左右時出貨，與澳洲產的小羊相比，體型顯得較為嬌小。這是為了要配合最大輸出國歐洲的喜好。出貨時會按羊肉重量與脂肪的厚度進行等級劃分再做出口。運往日本的時候，會放進0℃以下的容器之中，以海運花費兩週左右的時間運送。肉質柔軟而無異味的風味為紐西蘭羊肉的特色。

法國

曾於2001年禁止進口到日本，直至2017年才終於解除這項禁令。法國西南部的南部庇里牛斯（Midi-Pyrénées）、南部的普羅旺斯等地是主要的產地。而流通於日本市場上的是南法普羅旺斯錫斯特龍產的小羔羊、庇里牛斯產的未斷奶小羔羊、洛澤爾產的小羔羊、南部阿韋龍產的小羔羊與成羊等等（2019當下）。

據說法國飼育了30種以上的品種，其中多半為乳用品種或乳與肉兼用品種，而羊乳則用於製作起司等食品。主要飼育的是法蘭西羊（Ile de France）、拉卡恩羊（Lacaune）、泰瑟爾羊等品種。

冰島

9～10世紀維京人遷入冰島進行開墾的時候所帶來的古代品種，延續至今仍舊為人所飼養。這個品種的名稱就做冰島羊（Icelandic Sheep），是冰島特有種。冰島禁止自他國輸入羊隻，單單就只生產冰島羊。在這個國土大小約莫等同於北海道加上四國的島國裡面，居住著35萬人，但飼養的羊隻數量大約有70萬隻左右，遠比人口都要來得多。

5月出生後便幾乎同時進行完全放牧，並放任每隻小羔羊喝母羊奶直至自然斷奶，讓小羔羊自由食用百里香等香草植物、黑莓、樹莓、藍莓等種類豐富的莓類果實。到了9月，當地會舉辦名為「Réttir」的收穫祭，由眾人齊心協力一同追趕放養的羊隻，將羊群聚集起來，按各家農戶所持有的數量進行劃分。留下繁殖用的親代羊隻之後便宰殺其餘羊隻，進行急速冷凍。

羊隻的飼養方面全都任其自由發展，亦不使用抗生素、除草劑、殺蟲劑、荷爾蒙。在永續性（Sustainability）與可追溯性（Traceability）方面也十分卓越，以出口到歐洲為主。雖然宰殺時的小羔羊皆為4～5個月大，但由於成長得比較快，體型也比他國同齡小羔羊還要大。在這個水質好、綠草營養價值高的火山島所飼養出來的羊隻，有著柔嫩肉質與醇和味道，與此同時，也有著較為濃郁的鮮甜風味。

資料來源：Food and Agriculture Organization of the United Nations（FAO）-FAOSTAT-Production,Live Animals, Sheep, 2016（聯合國糧食及農業組織〔FAO〕「FAO統計數據資料」-生產、畜產、羊〔2016年〕）、羊醫協會彙整資料、獨立行政法人農畜產業振興機構（alic）彙整資料、《羊的科學》（田中智大編，朝倉書店刊行）、《47都道府縣，肉食文化百科》（成瀨宇平、橫山次郎共同著作，丸善出版發行）、《肉的科學》（沖谷明紘著作，朝倉書店刊行）

協力合作：MLA澳洲肉類畜牧協會（Meat & Livestock Australia）、ANZCO FOODS股份有限公司、TOP TRADING股份有限公司、股份有限公司ARCANE、GLOBAL VISION股份有限公司、羊醫協會

部位名稱

在日本，大多會根據部位分別使用英語與法語指稱。在此為大家彙整了各個部位在英語圈與法語圈之中的稱呼。

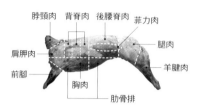

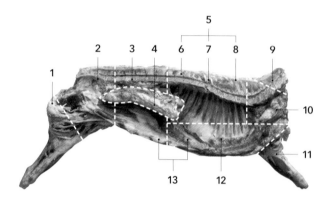

1　**羊腱肉**〔英〕leg shank〔法〕jarret
2　**腿肉**〔英〕leg〔法〕gigot
3　**後腰脊肉**〔英〕loin〔法〕selle
4　**菲力肉**〔英〕tenderloin〔法〕filet
5　**背脊肉**〔英〕rack〔法〕careé
6　**臀側背脊肉**〔法〕côtelettes premieres
7　**中央背脊肉**〔法〕côtelettes secondes
8　**肩側背脊肉**〔法〕côtelettes decouvertes
9　**脖頸肉**〔英〕neck〔法〕collet
10　**肩胛肉**〔英〕shoulder〔法〕épaule
11　**前腳**〔英〕fore shank
12　**胸肉**〔法〕poitrine
13　**肋骨排**〔英〕breast and flap

不同國家的不同稱呼

伴隨著羊隻的成長，羊肉的肉質與風味、香氣也會有所改變。日本只會大致將羊隻區分成未滿1歲的小羔羊（Lamb）與1歲以上的成羊（Mutton），但是在羊隻飼養歷史悠久的法國，還會進行細部劃分，依據羊隻的月齡改變稱呼。此外，澳洲與紐西蘭則是會依據門齒的永久齒數量、雌雄性別、有無去勢等外在條件進一步細部分類（門齒是用來咀嚼磨蝕牧草的門牙）。不過，不論是哪一種稱呼都並非是硬性規定，只是伴隨羊隻在悠久歷史鑿刻下的飲食文化之中所衍生出來的識別方法與分類。

澳洲

【baby lamb】
只以母羊奶哺餵的6～8週大的小羔羊。

【spring lamb】
只以母羊奶哺餵的3～5個月大的小羔羊。

【young lamb】
門齒與上顎臼齒的永久齒尚未長出，出生5個月內大的母羊或去勢公羊。

【lamb】
門齒的永久齒尚未長出，出生未滿1年的小羔羊。

【mutton】
門齒的永久齒已經長出1～8顆，出生超過10個月以上的羊。

【ewe mutton】
門齒的永久齒已經長出1顆以上，出生超過10個月以上的成年母羊。

【wether mutton】
門齒的永久齒最少已經長出4顆，出生超過10個月以上且沒有第二性徵的去勢成年公羊。

紐西蘭

【β lamb】
體重未滿7.5kg的喝奶小羔羊。

【lamb】
門齒的永久齒尚未長出，出生未滿1年的小羔羊。

【hogget】
門齒的永久齒已經長出1顆以上的公羊或尚未交配過的母羊。

【mutton】
門齒的永久齒已經長出2顆以上的羊的總稱。

【ram】
門齒的永久齒已經長出2顆以上的未去勢公羊。

【ewe】
生產過的母羊。

法國

【agneau】
出生300天內的小公羊。

【agnelle】
出生300天內的小母羊。

【agneau de lait】
出生20～60天內，只以母羊奶哺餵到8～10kg重的離乳前小羔羊。亦稱為agnelet。

【agneau blanc】
出生80～130天，重約15～25kg的小羔羊。名稱源於指稱其脂肪顏色仍舊白淨。也被稱為laiton（＝黃銅）。

【agneau gris】
出生5～9個月大，餵以牧草飼育出重約20kg的小羔羊。已經失去了脂肪的白淨，所以名字裡有個「灰」（＝gris）。

【mouton】
出生1年後的去勢公羊。

【bélier】
不進行去勢的公羊。

【brebis】
母羊。

參考資料：《Aussie Beef & Lamb Cutting Manual》（MLA澳洲肉類畜牧協會）、《月刊專門料理2006年7月號》（柴田書店刊行）、《法國食肉事典》（田中干博編著，三嶺書房刊行）

按部位分類索引

頭

脂肪

胃

後腳

肩胛肉

肩胛里肌肉

肋排

肉片

背脊肉

大腸

腦

肺

邊角肉

里肌肉

成羊

採訪店鋪介紹

エリックサウス
マサラダイナー

東京都渋谷区神宮前 6-19-17
GEMS 神宮前 5F
03-5962-7888

エンリケ
マルエコス

東京都世田谷区北沢 3-1-15
03-3467-1106

東京‧八重洲「Erick South」在掀起南印度咖哩與餐點的熱潮之中，扮演了相當大的角色，而這家店正是其一系列店鋪中的其中一間。除了正宗道地的印度餐點與印度香飯之外，還提供十分適合搭配紅酒享用的時尚風格印度料理。從印度料理的狂熱愛好者甚至到稍微喜歡吃咖哩的人都紛紛成為店內的座上賓，擄獲了相當廣泛的客群。總料理長稻田俊輔先生在研發食譜的核心作業與構築方面是位名人，經過不斷地品嚐、不斷地調查，改良了出在印度也不會顯得突兀，日本人吃了覺得美味的食譜。此次所介紹的食譜裡面，除了「印度燉肉（Nihari）」與「印度香料咖哩（Rogan Josh）」這類傳統印度料理之外，也介紹了揉合歐美風格的時尚印度料理。在印度，羊料理以中南部海德拉巴為首，多常見於穆斯林所居住的地區。其料理特色是在烹煮之前將肉清洗乾淨，烹煮時不撈除浮沫。據稻田先生分析，這道程序或許是為了避免撈去吸收了辛香料香氣的油。因為覺得辛香料消除羊肉特殊味道的效果不大，所以在運用上更重視如何善加利用羊肉本身的風味，輔以辛香料錦上添花。羊肉的貨源主要來自巴基斯坦的業者。其中又以帶骨腿肉切片之類的帶骨商品為多數，而這些羊肉多是用於在帶骨狀態下直接燉煮的印度料理。

—

2009年於東北澤的車站附近開業的摩洛哥料理店。店名之中的「Marruecos」是西班牙語裡「摩洛哥（Morocco）」的意思。該店址前身為一家名為「バル‧エンリケ（Bar Enrique）」的酒吧，是促使西班牙酒吧蔚為風潮的店家之一，後來搬到東京中目黑，而本店即是在其搬遷之際入駐該店舊址開張營業。身為店主兼主廚的小川步美小姐原先曾任公司職員，後成為料理家的助手，在2004年移居摩洛哥。選擇摩洛哥定居的理由，除了摩洛哥料理相當美味的這個原因之外，更因為當時還沒有什麼人致力於鑽研摩洛哥這個國家的料理，而且在歷來到訪過的國家之中，摩洛哥也是一個受邀參觀一般人家中廚房機會較多的國家。在當地的餐廳工作2年半之後，再到摩洛哥全國聞名的料理研究家Choumicha身邊擔任2年半的助理，紮紮實實地學到了一手「料理的精隨在於家常料理」的摩洛哥料理好手藝。摩洛哥作為一個伊斯蘭教國家，羊肉與雞肉一樣，都是日常生活之中經常會食用到的肉類。主要的調理方式是用孜然或薑黃等辛香料醃製之後進行烹烤，或是在塔吉鍋、古斯米專用蒸鍋進行烹煮。特色在於其中也有很多不會辣的料理，味道也相當地具有深度。受邀於本書中著重介紹尤具代表性的羊料理。

—

總料理長
稻田俊輔先生

店主兼主廚
小川步美小姐

ITALIA

オステリア
デッロスクード

東京都新宿区若葉 1-1-19
Shuwa house014 101
03-6380-1922

SAKE & CRAFT BEER BAR

酒坊主

東京都渋谷区富ヶ谷 1-37-1
ロナー YS ビル 2F
03-3466-1311

SCOTLAND／UNITED KINGDOM

ザ・ロイヤルスコッツマン

東京都新宿区神楽坂 3-6-28 土屋ビル 1F
03-6280-8852

店主兼主廚的小池教之先生曾經待過「LA COMETA」（麻布十番）、「Partenope」（麻布十番・廣尾店），後赴義大利歷練，並先後於義式餐飲店、高級義式餐廳、食用肉加工店等共計7家店鋪進行修業。輾轉於義大利各地鑽研全境料理之後，回到日本。在「incanto」這間以義大利20州的紅酒結合鄉土料理作為經營理念的（麻布十番・廣尾店）餐廳裡擔任11年的主廚，之後於2018年自立門戶。將義大利20州的料理以每3～4個月1州的頻率進行菜單主題的更換。重視傳統料理的核心要素，並將其作為現代餐廳的料理進行更為優質的改良升級。不分日夜都有十分熱情的顧客來店捧場。在義大利，特別是在適合飼養羊隻的中部到南部，人們常常都會享用羊肉，其中尤以拉齊奧（Lazio）、阿布魯佐（Abruzzo）、薩丁尼亞（Sardegna）等地區為三大產地。在托斯卡尼（Tuscany）、溫布利亞（Umbria）等地的人們也經常會享用羊肉。義大利以基督教為其文化基礎，將神比喻為牧羊人、信徒比喻為羊群。因此，有不少羊料理都和宗教節日扯上關係，例如聖誕節與復活節等宗教節慶。本書不僅收錄了這樣的節慶料理，也介紹了將原本是貧困民眾也能取得食材烹煮出來的傳統羊內臟料理，改良成餐廳風格的烹調手法。

地處距離小田急線代代木八幡車站徒步5分鐘的地方，位於沿著井之頭通這條道路而建的住商混合大樓2樓。陳列於店裡的酒清一色都是手工精釀啤酒與日本酒。店主前田朋先生在廚師專業學校之中主修中國料理，畢業之後待過休閒餐飲店、民族特色餐廳、和食料理店等餐飲店，最後進入位於吉祥寺的「にほん酒や」料理店。於2013年自行開業，特色在於供應的餐點菜式品項相當廣泛，味道別出心裁而令人驚豔，充分反映出了前田先生的個人經歷。揉合了日式、西式、中式，以及民族特色風格餐飲裡的各項要素所創造出來的獨特味道，和個性分明的日本酒與手工精釀啤酒非常地對味。日本酒方面以溫熱之後也十分美味的酒款為主，時常維持在75款左右。挑選的酒款以香氣清淡且帶著酸味的類型為主，原因在於沒有馥郁香氣的酒款比較不會妨礙到顧客邊吃料理邊飲酒。小羔羊料理是店內菜單上經常會備上3～4道菜的固定品項。由於羊肉的脂肪融點較低，若是搭配上溫熱的日本酒一同享用，就能伴隨著酒液入喉解除油膩。為此，羊料理在配酒方面大多會挑選風味較為明確的料理，搭配熱過以後會更為美味的酒款。本書除收錄以小羔羊烹調而成的這類下酒料理之外，也針對羊料理與日本酒的搭配進行介紹（P.110）。

這是一間在日本也算罕見，時常供應英國蘇格蘭傳統羊內臟料理「小羊內臟餡羊肚」的英國小酒館。身為店主的小貫友寬曾經待過「HOTEL DE MIKUNI」（東京四谷），後隻身前往法國求藝，在巴黎進行廚藝修業的期間，偶然於旅遊途中受到蘇格蘭風笛的悅耳樂音所吸引，因而曾經有過想成為風笛演奏者的一段過往。在這個契機之下，轉而對小酒館這個業界產生興趣，在東京神樂坂的小路裡開了這間洋溢著正宗英國小酒館氛圍的店鋪。於蘇格蘭首都愛丁堡中駐足1個月左右。在這樣的實地勘察經驗與多方文獻查閱之下，包含維多利亞王朝貴族習以為常的宮廷料理到尋常百姓家中的鄉土料理在內，熟知義大利全境之中使用各種部位烹調而成的多樣化羊肉料理。基本的羊肉菜單雖然只有「小羊內臟餡羊肚」、「小羔羊牧羊人派」等寥寥數道料理，但與此同時，也在每月替換的料理、季節性菜單、不定期活動等項目之中，準備了以帶骨小羔羊排烹調而成的煎烤羊排料理，蘇格蘭大麥羊肉湯、愛爾蘭燉肉一類的湯品或燉煮料理，以及派餅料理這些各式各樣的英國料理。選購的羊肉以澳洲、紐西蘭的小羔羊肉為主，委任連同內臟類食材也能穩定進貨的「NAMIKATA羊肉店」。

店主兼主廚
小池教之先生

店主
前田 朋先生

店主兼主廚
小貫友寬先生

シリンゴル

東京都文京区千石4-11-9
03-5978-3837

中国菜 火ノ鳥

大阪府大阪市中央区伏見町2-4-9
06-6202-1717

ティスカリ

東京都品川区西五反田5-11-10
Relief 不動前 1F
03-6420-3715

在店主田尻啟太先生「想要開一間店作為介紹蒙古文化的據點」的想法之下，於1995年開業經營了這家蒙古料理專賣店。主廚QINGGELETU先生出身於中國內蒙古自治區，是位知名的馬頭琴演奏家。每天晚上在烹調料理之餘還會在店內進行現場演奏。菜單內容以內蒙古自治區與蒙古人日常生活之中都會享用的羊肉料理為主，包含以鹽水燙煮帶骨羊肉塊的「內蒙古手把羊肉」、正月必不可少的麵食「蒙古包子」、用羊高湯熬煮出來的「羊肉烏龍麵」在內，備有大約15道蒙古料理。除此之外，還供應添加成羊排、中東烤肉等基本款料理，以及從北京烤鴨獲得靈感，用麵粉製作而成的餅皮，將羊肉與蔬菜捲包起來的「SHILINGOL捲餅」這類原創料理。套餐料理則仿效蒙古風格的款待方式，輪著替換供應添加了鹽巴的「蒙古奶茶」、用羊油酥炸的「蒙古果子」等餐點。蒙古地區的料理偏愛使用遊牧放養出來的帶有綠草香氣的成羊肉，但因為沒辦法進口到日本，所以選用味道與體型都較為相近的紐西蘭產草飼成羊。購買一整隻羊回來進行部位分割，將帶骨的肉塊烹調成內蒙古手把羊肉，脂肪較少的腿肉部位則用來製作成蒙古包子或火鍋料理。

—

店主兼主廚的井上清彥先生，自廚師專業學校畢業之後，在「小小心緣」（兵庫神戶）等幾家關西地區的餐飲店修業之後前往東京，分別在廣東料理「SILIN火龍園」（東京六本木）、北京料理「中國名菜 孫」（東京六本木）、北京料理的「源烹輪」（東京富士見台）等餐飲店內鑽研積累了7年經驗，於2015年回到家鄉大阪自立門戶。店址位於商業街北濱地區，店內設有吧台座位8席、包廂6間，每個月所開放的當月預約席位在幾個小時之內便會客滿。重新發掘出以北京料理為中心的中國古典料理魅力，呈現出也能打動現代顧客的料理風格。而北京的料理和東北三省（遼寧省，吉林省，黑龍江省）的鄉間料理、宮廷料理，以及被稱為清真料理的回教徒（伊斯蘭教徒）料理之間，有著密不可分的關係。因此，羊肉也是北京料理不可或缺的食材。此次以北京市內店鋪數量也不少的回教料理店的知名菜餚為主進行介紹。目前店內僅有一項主廚自選套餐，雖然不太會將客人不易接受的羊料理排進套餐裡面，但是會為喜歡吃羊肉的熟客將羊料理排進套餐裡面。值此之際，如果覺得按照北京當地的作法會讓人覺得羶味太重或口味太重之時，也會在烹調方式與挑選食材方面費工夫，做出日本人吃起來比較順口的口味。

—

「Tharros」（東京澀谷）是一家以義大利薩丁尼亞地區國家常料理為主題的餐廳，而以此店為首在東京都內、葉山、逗子等地還分別設有義大利料理店的OBIETTIVO集團，將餐廳主題鎖定在羊料理而設立的義大利餐廳便是此店。其經營概念是「牧羊人的餐桌」。店址位於稍微遠離東急目黑線不動前車站鄰近商店街的地點，時常有在地人帶上一大家子光顧、熱愛吃羊肉的外地人特地遠道而來。這次在書中為大家介紹料理與部位分割技術教學的便是曾任TISCALI主廚而後來成為集團總料理長的近谷雄一先生。自其之前於「SCUGNIZZO」（東京飯田橋）任職主廚的時期開始，就以每月1～2次左右的頻率從北海道知名生產者之一的「羊まるごと研究所」採購牧場主人酒井伸吾先生所飼養的羊隻，購入半隻羊的屠體，進行部位分割與烹製調理。由於鍾情於酒井先生所飼養出來的羊隻，曾無數次親自走訪該牧場。面對傾注高度熱情的酒井先生所牧養出來的優質綿羊，近谷先生總會盡量不浪費絲毫，先分割成大塊的帶骨肉塊進行保存。脂肪的部分也是物盡其用。時時謹記要盡量用簡單的調理方法與烹調風格來呈現出其美味之處，與此同時，為熱愛羊肉的顧客所準備的主廚自選套餐之中，還供應了其他店鋪嚐不到的部位。

—

店主
田尻啓太先生
主廚
QINGGELETU先生

店主兼主廚
井上清彥先生

總料理長
近谷雄一先生

南方中華料理 南三

東京都新宿区荒木町 10-14
伍番館ビル 2F-B
03-5361-8363

以「湖南」、「雲南」、「台南」這三個地名之中帶有南字的地域料理為主題，因而取了這個店名。店主兼主廚水岡孝和先生曾於「天厨菜館 澀谷店」（東京澀谷）、「A-jun」（東京西麻布）、「御田町 桃の木」（東京三田）進行修業，之後進入了中國少數民族料理「黑貓夜」（東京赤阪、六本木、銀座），擔任銀座店的店長之後轉而進入蓮香（東京白金）任職，自立門戶。在黑貓夜任職期間，曾留學研習台灣料理一年並進行了橫跨中國旅行一個月。橫跨中國旅行時，也曾停留在經常享用羊肉的北京、西安、新疆維吾爾自治區。羊肉是他喜愛的食材之一，在擔任黑貓夜銀座店店長的期間，還曾經企劃過只有羊料理的宴會，本次所介紹到的料理之中，也有當時就開發出來的菜式。無論是哪一道，都是將其他地區的調理方式與調味料混合在一起，重視當地原有特色的同時，也致力於試著探索出更為可口的風味。例如，招牌菜單之一的羊肉香腸，便是以自己在維吾爾吃過的填入內臟的香腸為原型，而為了要製作出多汁的口感，借用了台灣人在製作香腸時會填入糯米的烹調手法。這種重視當地料理特色又兼具洗鍊的烹調方式之間的絕妙平衡，著實吸引了不少的顧客。

—

パオ・キャラヴァンサライ

東京都中野区東中野 2-25-6
03-3371-3750

於1980年代後半開業經營。最開始是將建在民戶門庭裡的游牧民族的移動式帳棚「PAO」作為店鋪，供應羊肉串燒（Kebab）。於2001年在現今的大樓裡進行裝潢改裝後，在1樓開張營業。店內基本料理是從居住在橫跨巴基斯坦與阿富汗地區的普什圖人身上習得的民族料理，也備有原創料理。以羊肉串燒、鐵鍋料理（Karahi）、烤饢為中心，備有約40～50道料理，其中大約有一半是羊料理。「因為是圍繞於山林之中的內陸料理，所以大多是以樸實而簡單的烹調方式為主。調味部分以鹽巴為主，不太有辛辣料理。羊料理之中不可或缺的材料是，番茄、糯米椒、生薑等等的辛香料。羊肉的加熱程度、番茄熬煮程度、絞肉的混合方式，用上了不少費工消除羊羶味的調理細節，即便是簡單的調味，食材的鮮甜風味混合在一起，形成複雜的風味。」支撐了該店20年以上的店鋪協調員島田昌宏如此表示。基於「羊肉風味濃郁」的這個理由，主要都是使用澳洲產的成羊。鐵鍋料理與餃子等脂肪太多就會顯得油膩的料理，使用的便是成羊，拌炒料理等適合較多脂肪的料理則使用小羔羊，以這樣的方式分門別類地使用。

—

羊SUNRISE 麻布十番／
TEPPAN羊SUNRISE 神楽坂

神楽坂店

麻布十番店 東京都港区麻布十番 2-19-10
PIA 麻布十番 II 3F 03-6809-3953
神楽坂店 東京都新宿区袋町 2 番地
杵屋ビル2F 03-6280-8153

這是一家生意興隆，可以同時享用比較國內外優質羊肉的成吉思汗烤羊肉店。身為店主的關澤波留人先生十分喜愛成吉思汗烤羊肉，喜歡到甚至為此辭去工作，進入「札幌成吉思汗 しろくま」的札幌本店進行修業，當到新橋店店長之後，辭去工作，開車踏破3000公里走訪日本各地的綿羊農戶。在視察過日本市面上小羔羊肉市占率NO.1的澳洲之後，就獨立出來開店。店內經常會備上關澤先生嚴格挑選過的3～4種海外產、2～3種日本國產小羔羊與成羊。海外產的以南澳洲牧草飼（P.198）羊隻為主，也採購法國成羊或美國小羔羊。日本國產選擇北海道的足寄、上士幌、惠庭、瀨棚町等知名產地羊隻，或是以添加了海帶芽的飼料餵養出來的宮城縣「南三路わかめ羊」，不論何者都是店家向耗費時間建立起信賴關係的生產者訂購，以1整隻為單位進貨。供應的時候會先詢問顧客的喜好，再由店家挑選部位，讓顧客品嚐到最佳狀態的羊肉之餘，做到物盡其用。2019年在神樂板開設了鐵板燒型態的店鋪。不斷地朝目標邁進，希望能達成讓利益回歸生產者，並且可以貨源穩定地享用到美味日本國產羊隻的這個夢想未來。

—

店主兼主廚
水岡孝和先生

店鋪協調員
島田昌宏先生

總料理長
佐佐木 力先生
店主
關澤波留人先生
神樂坂店店長
安東陽一先生

Hiroya
ヒロヤ

東京都港区南青山 3-5-3
ブルーム南青山 1F
03-6459-2305

店主兼主廚的福嶌博志先生在大學畢業以後，曾經待過義大利餐廳，而後前往歐洲。分別在比利時的義大利餐廳、法國的「Le Jardin des Sens」餐廳、義大利這些國家累積3年的修業經驗，於學成後歸國。進入「日本料理 龍吟」、現代西班牙風格的「ZURRIOLA」工作，之後自立門戶。店內所供應的菜品以法式料理為主體，融入日式料理、現代西班牙風格餐點、義大利料理等不同類型的烹調技術與風味，組合出獨樹一幟的料理風格，因而也有擁有不少同為廚師的愛戴者。在食材方面堅持著只使用國產食材的理念方針，羊肉也只會在購得國產優質羊隻的時候，才會擺到菜單上面。添加山椒或黑七味粉這類和風調味料、墨角蘭等香草植物，或是檸檬等食材的溫和酸味，再搭配上大量的時令蔬菜，烹調出風味清爽的羊肉料理。此次使用到的是未斷奶羔羊（Agneau de lait），香氣成分適中，烹調出不同於小羔羊肉，充滿了香甜奶香與純淨風味的料理。通常都是採購完整的半隻羊回來進行分割處理，羊背脊肉、腿肉、肋骨排等部位用於燜烤料理，邊角肉絞成絞肉烹調成可樂餅等料理，羊腱肉與前腳用來烹煮成燉煮料理，羊骨則是用來熬煮高湯，完全物盡其用不予絲毫浪費。

BOLT
ボルト

東京都新宿区箪笥町 27
神楽坂佐藤ビル 1F
03-5579-8740

位於稍微遠離神樂坂主要道路，距離地下鐵車站大約徒步1分鐘的絕佳好地點。同時兼具了道地法式料理餐館與日本居酒屋才有的便利性，是一間有著自家平衡點的小酒館。店主兼主廚的仲田高廣先生過去曾經在法國料理名店「Mardi Gras」、「L'esprit MITANI」修習廚藝。在自立門戶之前還曾待過位於赤坂的人氣居酒屋，從中學到了日本居酒屋才有的輕鬆自在性、便利性，以及休閒簡便性。羊肉是店內菜單經常用到的食材，主要使用法國產的未斷奶羔羊（Agneau de lait），或紐西蘭、澳洲產的小羔羊，不使用羊肉香氣過於濃郁的一歲左右小羊與成年羊隻。特意使用法國料理店比較不常使用的羊腹肉、羊肋排、前腳等部位，也積極地採用以小羔羊胸腺肉（Ris d'agneau）等部位烹煮出來的羊內臟料理。而羊料理之中必須要特別留意的重點，在於該如何讓羊脂與羊筋的特殊氣味烹煮得可口美味。舉例來說，烹烤羊脂與羊筋分布較多的羊肋排時，要將帶骨一側充分用火烘烤，把羊筋烤到脆脆的香酥程度，羊肩胛肉則是在帶骨狀態下直接烘烤，從骨頭開始讓羊肉漸漸受熱，像這樣按照部位的不同去思索著該如何採取最合適的烹調方式。

Matsushima
マツシマ

東京都渋谷区上原 1-35-6
第 16 菊地ビル B1F
03-6416-8059

2016年於JR小田急代代木上原車站附近開張的中國料理餐館。身為店主兼主廚的松島由隆先生的廚師生涯，開始於在廣東料理名店「福臨門酒家」的大阪店擔任廚師。其後轉到位於神戶的中國料理店修習廚藝，接著前往東京。先後進到「CHINA NOOK」（東京惠比壽）修習新中華料理，在「碧麗春」（東京芝）修習北京料理，在「虎萬元 南青山」（東京西麻布）修習北京料理。在那之後還待過幾家餐廳，最後進到了「黑貓夜」，作為六本木店的店長一展身才，親自掌廚中國各地少數民族的料理而備受矚目。從他的職歷上面也看得出來，他十分擅長於烹飪中國境內各地的料理，不過他特別致力於提供貴州省、廣西壯族自治區、雲南省的山岳少數民族料理。也供應肉類與魚類的發酵料理，這種將豬肉放到糯米與香味蔬菜的醃床裡面醃漬數月發酵而成的「酸肉」，是店家自立門戶之時就持續製作的一道菜，這次則挑戰著改用羊肉進行製作。除此之外，更以維吾爾族自治區的炊飯「Polu」為首，不斷變換菜式內容的同時，也經常在菜單上備有數道羊料理。也有不少料理用到了一般餐廳不太會用到的羊腱肉、羊蹄、羊腦等部位。

店主兼主廚
福嶌博志先生

店主兼主廚
仲田高廣先生

店主兼主廚
松島由隆先生

羊香味坊

東京都台東区上野 3-12-6
03-6803-0168

在2000年從竹之塚搬遷到神田的「味坊」，是一間使得不少人因而對羊料理開始感到興趣的餐飲店。趁著舉店搬遷之際，店主梁寶璋便順勢將菜單品項更換成了以自家故鄉中國東北地方為主的料理。其少見的料理與自然派紅酒相當地對味，有著深深令人回味的醇厚滋味，不斷地吸引為數不少的顧客大駕光臨。羊香味坊即是該一系列店鋪裡的第三間店，於2016年開張營業。店內擁有70席位的規模，一天裡面卻還有著數次的翻桌率。店內供應的菜品主題如同店名所示是羊料理為主，而其中，炭火燒烤更是店內的明星商品。炭火燒烤的菜式品項包含了羊肩胛肉串、羊肩胛肉與香菇串、網油裹羊肝串、小羊臀肉山藥串、山椒醬油羊脖子串這五種串燒，以及帶骨羊排、羊肋排、羊臀肉這三種烤肉，而其中的羊肩胛肉串更是來店顧客幾乎都會點的烤肉串。參與擺攤活動時，更是曾經創下一天賣出3000支串燒的銷售業績。除了羊料理之外，還備有蔬菜炒小羊肉、包入小羔羊肉的水餃之類的小餐點、小羔羊肉麵料理或飯食等15道菜品。更供應羊料理以外的東北地區前菜或冷盤。店是白天營業到晚上，期間有不少顧客在天還未黑之時就在店內一手拿著串燒，一邊享用傾注於杯中的自然派紅酒。

ル・ブルギニオン

東京都港区西麻布 3-3-1
03-5772-6244

在六本木開店立業大約20年，是一間在這段漫長的歲月之中，滿足了多數美食家的法式料理名店。主廚菊地美升先生進入「AUX SIX ARBRES」（東京六本木）歷練過後，前往法國。在里昂、蒙彼利埃、勃艮第、義大利佛羅倫斯等地修習廚藝。回到日本之後，曾擔任「L'AMPHORE」（東京青山）主廚，而後自立門戶。店內是在日本國內開始生產優質綿羊的2000年代之初才開始選用日本國產羊隻。自北海道知名生產者（酒井伸吾先生的「羊まるごと研究所」）、武藤浩史先生的「茶路めん羊牧場」）購入半隻羊的屠體。出於不想浪費每一塊寶貴的優質羊肉，所以將不容易獨自成為一道菜品的邊角肉或羊腹肉，拿來延伸製作成凱薩沙拉風格的配菜或生春捲、可樂餅等配菜料理。將簡單燜烤過的羊肉料理，搭配上幾道這種配菜組合在一起供應。此外，店家在燉煮料理方面也十分拿手，完整保留法國家庭或小酒館燉煮料理樸實又溫和的風味，與此同時又在供應之時將其昇華成宛如法式料理餐館中的節慶料理。目前主要使用近年才解除進口禁令的法國錫斯特龍產的羊背脊里肌肉（Carré）與後腰脊肉（Selle），以及洛澤爾產的腿肉（Gigot）。

ワカヌイ ラムチョップ
■ バー ■ 十番

東京都港区東麻布 2-23-14
トワ・イグレッグ B1F
03-3588-2888

這是一間紐西蘭大型食用肉品公司的日本法人ANZCO FOODS公司的特產直銷店（Antenna shop）。於2011年開業，可以說是將販售型態鎖定在小羔羊肉的先驅者。其中最為主力的菜品項理所當然是帶骨小羔羊排。將調味各異的四種小羊排以一片420日圓～的實惠價格進行供應，再搭配上前菜與一道收尾料理，是來店顧客幾乎都會點上一盤的高人氣料理。這種沒有羊羶味、肉質出奇柔嫩而且餘味輕盈的瘦肉，來自於春季出生在紐西蘭、完全放牧並且只餵以高營養牧草到4～6個月大的「WAKANUI Spring Lamb」。使用同一種羊肉烹烤而成的帶骨小羔羊排也擁有很多忠實粉絲。再加上隨著季節變換的十幾種單點菜品裡面，網羅了使用羊內臟在內的各個小羊部位製作而成的原創料理、世界各地的小羔羊料理。料理之中也用到了日本不太常用的罕見部位，藉以持續向外傳播小羔羊肉不為人知的魅力。而目前這家店的位置是2015年夏季「WAKANUI」姊妹店轉移到東京芝公園的時候，搬遷至其姊妹店原址重新開張營業的。在這設有大約56席次的寬敞空間內，營造出從商業接待到團體客群、一般家庭聚會都能樂於其中的歡樂氛圍，店內亦接受35～50人的派對包場。

店主
梁 寶璋先生

店主兼主廚
菊地美升先生

店長
佐藤彰紘先生

部門主廚
田中 弘先生

TITLE

羊料理

STAFF

ORIGINAL JAPANESE EDITION STAFF

出版	瑞昇文化事業股份有限公司
編著	柴田書店
譯者	黃美玉

總編輯	郭湘齡
責任編輯	蕭妤秦
文字編輯	徐承義　張聿雯
美術編輯	許菩真
排版	二次方數位設計　翁慧玲
製版	明宏彩色照相製版有限公司
印刷	龍岡數位文化股份有限公司

法律顧問	立勤國際法律事務所　黃沛聲律師
戶名	瑞昇文化事業股份有限公司
劃撥帳號	19598343
地址	新北市中和區景平路464巷2弄1-4號
電話	(02)2945-3191
傳真	(02)2945-3190
網址	www.rising-books.com.tw
Mail	deepblue@rising-books.com.tw

本版日期	2022年12月
定價	680元

撮影	海老原俊之、よねくらりょう、高見尊裕
デザイン	吉澤俊樹、合田美咲（ink in inc)
編集・取材	井上美希
取材	村山知子、諸隈のぞみ、笹木理恵

國家圖書館出版品預行編目資料

羊料理：世界各地135道食譜與羊肉烹
調技術、羊肉處理技術、羊隻部位分
割/柴田書局編著；胡美玉譯. -- 初版. --
新北市：瑞昇文化事業股份有限公司,
2021.02
256面；19 x 25.7公分
ISBN 978-986-401-467-5(平裝)

1.肉類食譜

427.2　　　　　　　　　109021649